1. 产在水草上的水蛭卵茧
2. 刚产的优质卵茧
3. 幼蛭从卵茧中爬出

1. 旧水泥养鱼池改作种蛭繁殖台
2. 露天种蛭繁殖台
3. 闲置水泥养殖池作繁殖台
4. 塑料薄膜大棚内繁殖台

1. 种蛭即将进入繁殖台泥土中
2. 水泥池繁殖台里收集卵茧
3. 卵茧进箱孵化

1. 水蛭卵茧室内孵化
2. 水蛭卵茧大棚内孵化
3. 放养水蛭苗

1. 大水面浮式网箱养殖水蛭
2. 大水面双层浮架浮式网箱养殖水蛭
3. 土池落地网箱养殖水蛭
4. 土池落地网箱养殖水蛭

1. 养殖水蛭的水泥池结构
2. 水泥池养殖水蛭
3. 小水面浮式网箱养殖水蛭
4. 防天敌网

1. 种蛭繁殖台
2. 晒孵化泥
3. 刚孵出的幼水蛭
4. 从孵化泥刚爬出的幼水蛭

1. 活水蛭待加工
2. 吊挂水蛭架
3. 水蛭干品

水蛭
养殖实用技术

SHUIZHI YANGZHI SHIYONG JISHU

李才根　编著

中国科学技术出版社
·北京·

图书在版编目（CIP）数据

水蛭养殖实用技术/李才根编著 . —北京：
中国科学技术出版社,2017. 1

　ISBN 978-7-5046-7395-4

　Ⅰ . ①水… 　Ⅱ . ①李… 　Ⅲ . ①水蛭—饲养管理 　Ⅳ . ①S865. 9

中国版本图书馆 CIP 数据核字（2017）第 000161 号

策划编辑	王绍昱
责任编辑	王绍昱
装帧设计	中文天地
责任校对	刘洪岩
责任印刷	马宇晨

出　　版	中国科学技术出版社
发　　行	中国科学技术出版社发行部
地　　址	北京市海淀区中关村南大街 16 号
邮　　编	100081
发行电话	010-62173865
传　　真	010-62173081
网　　址	http://www.cspbooks.com.cn

开　　本	889mm×1194mm　1/32
字　　数	65 千字
印　　张	4. 125
彩　　页	8
版　　次	2017 年 1 月第 1 版
印　　次	2017 年 1 月第 1 次印刷
印　　刷	北京盛通印刷股份有限公司
书　　号	ISBN 978-7-5046-7395-4 / S・623
定　　价	15. 00 元

P_{reface} 前言

　　水蛭药用价值很高,是我国传统的中药材。近年来,医学上研究发现,水蛭在防治心脑血管疾病和抗癌症方面具有特效,使水蛭应用范围进一步拓展。

　　随着水蛭在医药方面需求量的不断增加,野生水蛭资源长期被采捕,再生后劲不足,难以满足逐年上升的市场需求量。加上水蛭赖以生存的环境受到严重的污染,水蛭产量逐年减少,这为人工养殖水蛭提供了巨大商机。

　　实践表明:人工养殖水蛭是一项占地少、投资低、回报快、效益高的农民致富好门路。其养殖规模灵活,可大可小,大的建标准化养殖池,采取集约化养殖;小的可用泡沫箱、水缸、木桶、塑料桶、小水泥池养殖。养殖方式多种多样,可粗放养殖,也可精细养殖,还可采取套养方式,如藕塘、茭白塘套养等。

　　作者本着为新农村建设、农民致富出点力的想法,应广大养殖户的要求,结合自己近几年在基层农村指导水蛭养殖的实践经验,总结了我国近年来水蛭养殖的先进技术,参考国内有关水蛭人工养殖的文献资料,编写成此书。在编写过程中,参考和引用了国内外有关专家、学者的大量资料,并综合了一些实际生产经验丰富的水产养殖人员的宝贵意见。在此,谨向为本书编写提供帮助的所有人员致以衷心感谢。

因本人水平所限,加之编写时间紧迫,不当之处在所难免,恳请业内专家和广大读者批评指正。

编 著 者

Contents 目 录

第一章 水蛭养殖概况 ……………………………… 1

1. 水蛭有哪些药用价值? ……………………… 1

2. 水蛭人工养殖的发展前景如何? …………… 2

3. 当前水蛭养殖存在哪些问题? ……………… 4

4. 开展水蛭人工养殖要注意什么? …………… 5

第二章 水蛭养殖基础知识 ………………………… 7

5. 水蛭分布在哪些地方? ……………………… 7

6. 水蛭的外部形态具有哪些特征? …………… 7

7. 水蛭有哪些养殖种类? ……………………… 8

8. 水蛭的生长发育有什么特点? ……………… 10

9. 水蛭的生活习性如何? ……………………… 10

10. 水蛭一生要经过哪几个发育期? …………… 13

11. 水蛭是怎样自然产卵的? …………………… 13

12. 水蛭卵茧自然孵化需要什么条件? ………… 14

13. 水蛭怎样进行自然越冬? …………………… 15

14. 水蛭人工养殖有哪些越冬方法? …………… 15

15. 怎样实施水蛭人工保温越冬? ……………… 15

16. 水蛭的种源从哪来? ………………………… 16

17. 怎样采捕野生种蛭? ………………………… 16

18. 怎样选择成熟的种蛭? ……………………… 17

19. 什么季节适宜引种? ……………………………… 18

20. 水蛭引种应掌握哪些原则? 注意事项有哪些? …… 18

21. 怎样采集野生水蛭的卵茧? ……………………… 20

22. 怎样判定水蛭卵茧的质量和时期? ……………… 20

23. 怎样判定幼蛭的好坏? …………………………… 21

24. 怎样根据自身条件选择种蛭、幼蛭、蛭卵茧的引进?

　　………………………………………………… 21

25. 如何确定引种量? ………………………………… 22

26. 怎样运输种蛭? …………………………………… 22

27. 怎样运输水蛭苗? ………………………………… 23

28. 怎样运输水蛭卵茧? ……………………………… 23

第三章　水蛭的营养饲料与投喂 …………………… 25

29. 水蛭的生长发育有哪些营养需求? ……………… 25

30. 水蛭的食物有哪些? ……………………………… 26

31. 水蛭的天然饵料有哪些? 怎样采集? …………… 26

32. 解决水蛭人工养殖饵料有哪些途径? …………… 27

33. 怎样投喂水蛭饵料? ……………………………… 28

34. 什么是水蛭投喂的"四定"原则? ……………… 29

第四章　水蛭苗种繁殖与培育 ……………………… 31

35. 水蛭人工繁殖工艺流程是怎样的? ……………… 31

36. 怎样引进供人工繁殖用的蛭种? ………………… 32

37. 蛭种放养应注意哪些问题? ……………………… 33

38. 怎样设置繁殖台? ………………………………… 34

39. 种蛭移入繁殖台后怎样筑茧与产卵? …………… 35

40. 怎样管理已移入蛭种的繁殖台? ………………… 36

41. 怎样收集卵茧? …………………………………… 36

42. 怎样做好水蛭卵茧的室内人工孵化？ ……………… 37

43. 怎样做好水蛭卵茧的室外自然孵化？ ……………… 39

44. 什么样的幼蛭才是优质的水蛭苗？怎样放养幼蛭？

　　…………………………………………………………… 40

第五章　水蛭养殖模式 ………………………………… 41

45. 水蛭养殖模式有哪些？ ………………………………… 41

46. 怎样选择水蛭养殖模式？ ……………………………… 42

47. 怎样利用水泥池养殖水蛭？ …………………………… 43

48. 怎样利用土池养殖水蛭？ ……………………………… 45

49. 怎样利用旧鱼塘养殖水蛭？ …………………………… 51

50. 怎样利用网箱养殖水蛭？ ……………………………… 52

51. 怎样利用小型容器养殖水蛭？ ………………………… 55

52. 怎样利用泡沫箱养殖水蛭？ …………………………… 55

53. 怎样进行泥鳅、水蛭混养？ …………………………… 57

54. 怎样利用莲藕池混养水蛭？ …………………………… 58

55. 怎样利用茭白田混养水蛭？ …………………………… 60

56. 怎样利用稻田混养水蛭？ ……………………………… 62

第六章　水蛭的饲养管理 ……………………………… 67

57. 水蛭养殖如何做好防逃？ ……………………………… 67

58. 为什么要对养水蛭池进行消毒？ ……………………… 68

59. 常用的消毒药物有哪些？ ……………………………… 68

60. 怎样对水蛭池进行清池消毒操作？ …………………… 68

61. 水蛭养殖中调节水温常用的措施有哪些？ …………… 70

62. 水蛭塘有少量水蛭死亡是正常现象吗？ ……………… 70

63. 水蛭养殖池中的青苔有哪些危害？可采取哪些治理

　　措施？ …………………………………………………… 70

64. 为什么要在水蛭养殖池中栽植水草？ …………… 72

65. 如何管理水蛭养殖池的水质？ …………… 72

66. 水蛭什么时候放养合适？合理的放养密度为多少？
　　 ………………………………………………… 74

67. 水蛭放养入池前为什么要消毒？怎样对蛭体进行
　　消毒？ …………………………………………… 75

68. 水蛭养殖的日常管理工作有哪些？ …………… 76

69. 新引进水蛭为什么先要隔离饲养？ …………… 77

70. 为什么要对大小水蛭进行分级饲养？ ………… 77

71. 幼蛭的精养池应做哪些准备工作？ …………… 78

72. 怎样管理幼蛭？ ………………………………… 79

73. 幼蛭常见的死亡原因有哪些？ ………………… 81

74. 怎样管理青年水蛭？ …………………………… 82

75. 水蛭繁殖期的日常管理工作有哪些？ ………… 84

76. 怎样管理种蛭？ ………………………………… 85

77. 蛭种死亡的原因有哪些？ ……………………… 87

78. 水蛭一年四季如何管理？ ……………………… 88

79. 宽体金线蛭等四种水蛭在饲养管理上有哪些不同？
　　 ………………………………………………… 89

第七章　水蛭病害与敌害防治 ………………………… 92

80. 水蛭发病的主要原因是什么？ ………………… 92

81. 怎样诊断水蛭疾病？ …………………………… 94

82. 如何预防水蛭疾病？ …………………………… 96

83. 怎样防治水蛭干枯病？ ………………………… 98

84. 怎样防治水蛭白点病？ ………………………… 99

85. 怎样防治水蛭肠胃炎病？ ……………………… 99

86. 怎样防治水蛭吸盘出血？ …………………… 100

87. 怎样防治水蛭腹部出血？ …………………………… 100

88. 怎样防治水蛭虚脱症？ ……………………………… 101

89. 怎样防治水蛭腹部结块？ …………………………… 101

90. 怎样防治水蛭变形杆菌感染？ ……………………… 101

91. 怎样防治水蛭寄生虫病？ …………………………… 102

92. 怎样防治水蛭感冒和冻伤？ ………………………… 102

93. 怎样治疗水蛭旋转病？ ……………………………… 103

94. 水蛭的天敌有哪些？如何防除？ …………………… 103

第八章　水蛭的收获与加工 ……………………………… 105

95. 水蛭一般什么时间可收获？常用收获方法有哪些？
　　…………………………………………………… 105

96. 怎样加工水蛭干品？ ………………………………… 107

97. 如何贮藏水蛭干品？ ………………………………… 108

98. 什么样的水蛭干品为优质品？ ……………………… 109

99. 怎样加工水蛭药用品？ ……………………………… 109

参考文献 …………………………………………………… 110

第一章
水蛭养殖概况

1. 水蛭有哪些药用价值?

水蛭俗称蚂蟥,有寄生性,会传播人类及动物的疾病,给人们及畜禽的健康带来一定的危害。水蛭还会寄生在鱼体上,严重时会引起鱼死亡,是淡水渔业的一大危害。同时,水蛭又是一种极其有价值的药用动物,为我国传统的名贵中药材。在《神农本草经》、《本草纲目》等医学典著中均有记载关于水蛭的药用功能。水蛭气味咸、苦,性平,有毒,有破血、逐瘀、通经的功能,常用于治疗血瘀闭经、跌打损伤等症。

国内外医学研究表明,水蛭有着相当高的药用价值,对治疗中风、高血压有很好的疗效。水蛭的唾腺中含有的"水蛭素",是防治癌症的特效药物。新鲜水蛭的唾液中含有一种抗凝固菌的水蛭素,能对抗由 ADP 诱导的血栓的形成,并能活化纤维素系统,促进已形成的血栓化解。水蛭还分泌一种组织胺化物质,能扩展毛细血管。

近年来,我国现代医学进一步对水蛭的药用价值进行了深入的研究,发现水蛭体内含有水蛭素、肝素、抗血栓素、组织胺样等物质。水蛭在再植或移植器官的过程中可起到较大的作用,使手术的成功率大大提高。医用水蛭在吸血时唾液腺能分泌一种抗凝剂的水蛭素以及能扩张血管的组织胺类物质。

由于水蛭素有如此好的药效,所以利用水蛭素生产的药品约有百余种。水蛭产品在中医和西医中的使用量也逐年递增,目前以水蛭为主要原料制成的中成药,已投入大量生产,且供不应求。同时,利用医用水蛭的药效生产的保健品、化妆品也逐渐开发并陆续上市。

2. 水蛭人工养殖的发展前景如何?

随着我国人口老龄化,老年人常见的心脑血管等方面的疾病不断增加,据有关报道,此类疾病正向年轻化蔓延。水蛭是目前发现治疗心脑血管等方面疾病的最有效的天然药物,是生产治疗心脑血管药物的主要原料之一。此外,水蛭还有多种医疗用途。随着对水蛭研究的不断深入,水蛭的用途将会得到进一步开发,市场对水蛭的需要量与日俱增。然而,长期以来,药用水蛭主要来源于捕捞天然水域野生水蛭。近年来,由于天然水域水蛭野生资源的过度捕捉,资源量逐年减少,加上水蛭的生存环境受到严重污染,如农药、化肥不适当的使用以及自然灾害的影响,野生的药用水蛭数量逐年减少,已经远远满足不了国内外市场需求。据报道,1984 年国内医药市场年需要水蛭 20 余吨,近年需要量达 250 余吨。国际市场上水蛭需要量也缺口很大,如日本、朝鲜、东南亚等国家和地区也迫切需要从我国进口水蛭。由于需求远大于供给,供求矛盾突出。因此,水蛭销售价格不断上涨。2015年4月份,江苏一带鲜蛭价格为 200~280 元/千克,干品900~1 000 元/千克。

水蛭生命力极强,即使横向切断后,也能从断裂部位重新长出两个新个体;具有较强的耐饥能力,一次吃饱可耐饿几天甚至更长久;具有极强的抗病能力,与其他水生动物相比较目前疾病还是较少;对生活环境要求不高,一般水体均可养殖。

我国水蛭人工养殖起始于20世纪80年代后期,由于当初对水蛭的研究不深入,因而养殖效益不明显;90年代后,我国开始对水蛭进行较全面系统的研究,尤其在水蛭生物学、生长环境、人工养殖饲料等方面取得了进展,推动了水蛭人工养殖的逐步发展。经过最近几年的发展,水蛭人工养殖技术日趋完善。目前,不但初步掌握了养成技术,而且解决了人工繁殖蛭苗的问题。由此也说明水蛭养殖技术也并不难掌握。经过多年的水蛭养殖生产实践,证明水蛭养殖投入小,养殖规模灵活,养殖模式多样,饲料也较易解决,还具有养殖时间短(从幼蛭养起至采收仅4个月时间)、资金周转快、管理较宽松、劳动强度小、饲料系数低等特点。

综上所述,水蛭人工养殖的发展前景非常广阔。可以预见,水蛭人工养殖作为一种新兴的养殖项目,有望得以蓬勃发展。

3. 当前水蛭养殖存在哪些问题?

水蛭作为一种新兴的特种养殖品种,当前发展水蛭养殖中还存在着以下几个问题。

一是销路窄。商品水蛭虽然紧缺,但收购市场并未完全敞开。各地药商以自己的销路为前提决定收购,各级药材站也是根据往年医院的用量拟定以销定购。所以养殖者一定要考察药材市场,尽可能寻找到一个理想的合作者。落实了养殖的水蛭卖给谁的问题,再放手干,大胆上马。目前全国成品水蛭的收购单位有两大类:一是交易市场,主要有河北省安国药材交易中心、河南省禹州中药材交易市场、安徽省亳州中药材交易市场、山东省鄄城禹王城中药材交易市场、江西省樟树中药材交易市场、四川省成都市荷花池中药材交易市场等。二是各地的药材公司、中药厂、药店等。

二是引种难。

①鉴别品种。虽然水蛭的品种很多,但人工可养殖的水蛭品种有限。最适宜人工养殖的只有几种,目前人工养殖的只有宽体金线蛭效益较好,其他的品种效益相对较差。因此引种时要注意鉴别。

②确保苗种质量。由于价格的攀升,市场上一些不法分子常用一些养殖效益差的苗种来冒充优质苗种,养殖户采购放养后损失惨重。因此,在引种时要注意质量。

③选择合格规格。由于水蛭生长在 2 年以上、个体重在 20 克以上时才有繁殖能力,所以体重在 20 克以下的绝对不要引种。6 月份以后水蛭已排卵,不要引种,否则

当年"颗粒无收",没有养殖效益。

三是人工养殖水蛭技术不是很成熟。水蛭开发人工养殖时间较短,其人工养殖技术不是很成熟,尤其在高密度养殖时极易暴发疾病导致养殖失败。因此,养殖户要认真学习养蛭技术,积极参加培训,阅读有关水蛭养殖书籍,去附近或外地参观学习技术,重视在实践中学习,做好生产记录,善于总结自己的养殖经验。

四是水蛭配合饵料研发大大滞后。由于水蛭饵料以淡水贝类为主,养殖成本高,水蛭养殖发展对饵料需要量大,货源有限。因此,研发全价的水蛭配合饲料是大势所趋。

五是水蛭病害的防治工作有待深入研究。水产养殖行业有句谚语:"没有伤亡就是最高的产量",有效地减少疾病导致的损失,等于提高水蛭的成活率,产量得到了保证。在水蛭发生疾病后,不要盲目用药,积极做好疾病的预防工作是上策。随着水蛭养殖业的兴起,水蛭病害防治病害技术研究远远滞后于生产的现状,亟待得到改变。

总之,水蛭养殖当前还存在不少问题,只要有相关部门的重视,广大养殖户的共识,社会力量的支持,科技人员的努力,提高水蛭养殖产业的科技含量,我国水蛭养殖业一定会健康地发展。水蛭人工养殖一定会更上一层楼。

4. 开展水蛭人工养殖要注意什么?

第一,有过硬的水蛭养殖技术。如果养殖技术没有很好掌握,匆匆上马,最终会导致养殖失败。在实施水蛭

养殖之前,建议先到有规模的水蛭养殖场参观取经,积累经验。还要购买相关水蛭养殖书籍,认真学习有关水蛭养殖技术,做到科学养殖水蛭。

第二,防止盲目跟风、盲目投资。目前市场上有些人炒种卖种,随意夸大水蛭养殖单产量与经济效益。养殖户一定要仔细辨别,切勿上当受骗,要防止盲目跟风、盲目投资。

第三,科学确定水蛭养殖规模。养殖规模可大可小,要根据养殖的各项投入所需资金事先进行计算,最后根据资金筹集情况,确定养殖水蛭的规模。建议初养殖水蛭者规模不要搞得太大,踏踏实实从小做起,有了实践经验与技术后,再逐步扩大。

第四,选择自己适宜的模式。水蛭养殖模式多样,要根据自己的养殖规模和条件,选择最适合自己经营的养殖模式。

第五,落实水蛭产品销路。水蛭虽然市场紧缺,但价格十分不稳定,销路问题依然存在。有些地方只有医院或医药公司收购,且养殖户与这些收购单位也没有签订收购协议,供求关系不明确。在开展养殖水蛭之前应联系好当地收购单位,尽可能做到当地养殖、当地销售。

第二章
水蛭养殖基础知识

5. 水蛭分布在哪些地方?

水蛭通常称为蚂蟥,在我国分布较广,海洋与陆地均有分布,大多数生活在淡水中,少数生活在海水或咸淡水。在我国除新疆与西藏外,各省、自治区、直辖市的水田、小溪流、湖畔、沼泽、鱼塘等地均有分布。据有关文献记载,至今世界上已知的水蛭有600余种,我国有100多种,最常见的、有经济价值的品种:宽体金钱蛭、日本医蛭、尖细金钱蛭、光润金钱蛭、棒纹牛蛭、山蛭、菲牛蛭7个品种。

6. 水蛭的外部形态具有哪些特征?

水蛭外部形态变化较大,不同种类又有其固有的外部特征,但其共有的特征:身体大都背腹扁,如叶片状,有固定数目的真正环节,每一真正环节上有三至十多个环纹状小节,称为体环。缺少刚毛和疣足,前端比较细长,后端较宽,前后端腹面各有一个吸盘,后吸盘大于前吸盘。体表呈黑褐色、蓝绿色、棕红色、棕色等,背部或多或少有几条不同颜色的斑纹或斑点。身体具有极强的伸缩性。不同的品种体长相差极大,大的体长可达 30 厘米左右,小的只有 1 厘米左右,常见的水蛭体长多数只有 3~6厘米。

7. 水蛭有哪些养殖种类?

水蛭虽然种类较多,但适合我国人工养殖的种类却较少,主要养殖种类是宽体金线蛭、尖细金线蛭和日本医蛭。宽体金线蛭在中药材中用量最大,目前最具有养殖价值。

(1)宽体金线蛭 见图 2-1。又称牛蚂蟥、宽身蚂蟥、蚂蟥、扁水蛭、水蚂蟥。体宽大,扁平,呈纺锤形,正常长度 6~13 厘米,在爬行时长度可达 20 厘米左右,个体成年蛭重量可达 20~50 克。背面由黄色和黑色两种斑纹相间形成的纵纹 5~6 条,中央有一条较粗长的白色阔带。腹部淡黄色,掺杂有 7 条断续、纵行、不规则的茶褐色斑纹或斑点,其中中间两条尤为明显。颚上有两行钝齿,颚齿不发达,不吸食动物血液,主要以食螺蛳、河蚌、水中软体动物、浮游生物和小型水生昆虫幼虫及腐殖质等为生。

(2)日本医蛭 见图 2-2。个体小,狭长,稍扁,略呈圆柱形,体长 3~6 厘米,宽 0.4~0.5 厘米。背面呈黄褐色或黄绿色,黄白色纵纹有 5 条,褐色斑点分布于纵纹的两旁。背中线和一纵纹延伸至后吸盘上。腹面平坦,灰绿色,腹侧有很细的灰绿色纵纹 1 条。整个身体有不明显的环带 103 条。眼有 5 对,呈马蹄形排列。前吸盘较

图2-1 宽体金线蛭

大,后吸盘呈碗状,朝向腹面,背面为肛门。口腔内有颚3片,颚上有锐利细齿。鄂齿发达,吸食人、畜、鱼类和蛙类的血液。医学上多以活体使用,不用于加工药品。

图2-2 日本医蛭

(3)尖细金线蛭 见图2-3。又称柳叶蚂蟥、牛蚂蟥、茶色蛭。它身体细长,扁平,呈柳叶形,头部非常细小,前端1/4尖细,后半部最宽阔。体长2.8~6.7厘米,宽0.35~0.8厘米。背部为茶色或橄榄色,纵纹由5条黄褐色或黑色斑点所组成,以中间一条纵纹最宽,由黑色素斑点构成的新月形分布在背中纹两侧,约有20对,凭着此

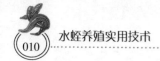

特征可区别其他种类。体节分为 105 环,环沟分界明显。眼有 5 对,位于 2~4 节及 6、9 环的两侧。其生长在水田和湖泊中,以水蚯蚓和昆虫幼虫为主食,最喜欢吸食牛血。

图 2-3　尖细金线蛭

8. 水蛭的生长发育有什么特点?

水蛭为卵生动物,种蛭产下的卵茧经半个月至 1 个月时间在适宜的温度、湿度的环境下即可孵出幼蛭。水蛭的生长发育较快,孵出的幼蛭生长 4~6 个多月,体长可达到 6~10 厘米,重 5~8 克,就能达到性成熟。一般个体重 8 克以上就可加工出售。营养不足或野生状态下,需 1~2 年才能长成。

人工养殖条件下,生长期 1 年以上的水蛭体重可达 20 克以上,生长期 2 年以上的水蛭个别可长至 50 克左右。这样的水蛭肉质肥厚,成品率最高,干品外观极其漂亮,属上等品。

9. 水蛭的生活习性如何?

(1)生长环境　水蛭绝大多数品种生活在淡水中,极少数品种生活在海水里,极个别品种生活在陆地,也有一些品种营水陆两栖生活。水蛭最喜欢多边多角、池底池岸边相对比较坚硬的地方,也喜欢水草或藻类相对比较丰富的浅水区域,水深一般在40～60厘米。这样的环境有利于水蛭吸盘的固着及休息,营养物质比较丰富,食物来源广,比较安全,易避开天敌。因此,人工养殖时在养成池中可以设置一些油菜秸秆、毛竹等,供水蛭固着。

(2)**温度要求**　温度是影响水蛭生长及活动的重要因素。其生长适温为15～30℃,当水温达到35℃以上时会影响其生长发育;当水温低于10℃时停止摄食,8℃以下开始进入水边较松软的土壤中冬眠,潜入深度在15～25厘米;当地温升到15℃时水蛭开始出土活动。水温18～20℃为最佳交配时间。气温22～25℃为最佳孵化时间。

(3)**酸碱度要求**　水蛭对水体酸碱度适应性比较广,最喜欢的环境是中性或稍偏碱性的室水域,不喜欢在水较深、底部淤泥较多的环境中生活。一般可在pH值4.5～10.1范围内长期生存。在人工养殖时,一旦发现pH值超标,应及时采取部分换水等措施,以保证其安全。

(4)**含氧量要求**　水蛭对水体中溶解氧反应表现在两方面:一方面是能忍受水中长时间缺氧的环境;另一方面是对水中缺氧又十分敏感。当生活环境缺氧时,水蛭体内的共生菌可以进行厌氧呼吸,在短期内维持生命。只要保证水体中的溶解氧在0.7毫克/升以上,就能满足其生活需求。所以人工养殖时需要经常添加新鲜水。

自然界中的水蛭对环境、水质要求不高,在一般的水

体中就能生长发育。人工养殖时要注意两点：一是选择无污染、无化肥、无农药残留的水域；二是避开附近的污染源。

（5）盐度与土壤要求　生活在淡水中的水蛭，要求含盐量不得超过1%。因此，在饲料中不可加盐。

野外水蛭繁殖场所是淡水湖泊、河流或池塘岸边，卵茧产在含水量为30%～40%的泥土中。因此，人工养殖的水蛭在产卵筑茧时也要求土壤不干不湿，透气性要好。土壤过湿，容易结板，不利于透气；土壤过干，蛭茧容易失水，不利于孵化。成蛭在越冬时，栖息的土壤也要求松软透气。

（6）对光与水流的反应　水蛭对光的反应比较敏感，具有避光的特性，强光照射时，呈负趋光性。因此，其白天很少出来活动，夜间则活动频繁。在养殖过程中，要尽量避免强光直接照射，并给予适当的暗光环境，通常采取用遮阴网、种水草或绿色植物等措施避光。

水蛭对水流的反应尤其敏感，水面一有动荡，就会招来水蛭。同时其能准确判定波动中心的位置，并迅速游向中心的位置。因此，人工养殖设置食台，应在食台旁边设水响装置，以招来水蛭摄食。

（7）善逃与再生性　水蛭一旦受到外界干扰，身体马上卷成一团。极喜欢爬行，尤其喜欢在有水的墙体上爬行。所以水蛭养殖想要取得丰收，做好防逃工作是关键之一。

水蛭具有特有的再生能力，当其身体横向切断，即能从断裂部位重新长出两个新个体。

10. 水蛭一生要经过哪几个发育期?

野生水蛭在自然状态下,一生要经过4个发育期,即生长期、填充期、休眠期、复苏期。

(1)生长期 是从每年清明至白露期间,是水蛭生长的最好阶段,包括全年的营养生长和生殖生长。水蛭的交配和产卵都在此阶段进行。清明前后,水温一般在15℃,水蛭开始复苏出蛰,随着水域中饵料逐渐增多,水蛭食欲也逐渐增强,活动范围扩大、活动量增加,是营养生长和生殖生长的高峰期。

(2)填充期 从秋分至霜降期间,是水蛭积贮营养阶段,为冬眠做能量储备,称为"填充期"。秋分开始,气温逐渐降低,水蛭食量大增,体内积蓄脂肪性营养,以应对在休眠期和复苏期营养的消耗。同时,为防蛭体结冰以至冻死,水蛭完成躯体脱水,以适应严冬。

(3)休眠期 从立冬至雨水期间,生活环境条件较差,水蛭新陈代谢降至最低,生长发育完全停滞,个体进入休眠状态,以安全度过不良环境。

(4)复苏期 从惊蛰至清明期间,严冬已过,暖春马上降临,生活环境逐渐好转,进入休眠状态的水蛭开始复苏出蛰。

11. 水蛭是怎样自然产卵的?

水蛭属卵生动物,雌雄同体,异体交配,体内受精。发育成熟的水蛭经交配后1个月开始产卵。

（1）**产卵时间**　水蛭产卵的时间一般在 4 月中旬至 5 月下旬,平均水温为 20℃。

（2）**水蛭进穴**　水蛭在产卵前钻入河岸、田埂、水塘边的土壤中,要求土壤比较松软,土中水分含量在 30%~40%(土用手一捏成块,轻轻晃动散开)。水蛭入土后向上方钻成一个斜行或垂直的孔道,孔道宽约 1 厘米,深 5~6 厘米,并有 2~4 个分支孔道。

（3）**筑茧**　水蛭在孔道中前端朝上,其环节部分分泌一种薄薄的黏液,夹杂空气而形成肥皂泡沫状物,接着再分泌另一种黏液,成为卵茧壁,包于环带的周边。

（4）**产卵**　卵从雌性生殖孔排出,落在茧内壁和身体之间的空腔内,同时分泌一种蛋白液于茧内。

（5）**亲蛭退出**　亲蛭完成产卵后慢慢向后退出,同时,由前吸盘腺体分泌形成一个栓,以塞住茧前后端的开孔。产卵全过程约半小时,茧产在泥土中,数小时后变硬,茧壁泡沫风干,壁破裂,只留下五角形或六角形组成的蜂窝状或海绵状保护层。

12. 水蛭卵茧自然孵化需要什么条件?

（1）**孵化时间**　一般 5 月底至 6 月为孵化阶段;6 月中旬为孵化盛期阶段。孵化时间约为 30 天。由于 5 月中旬至 5 月底孵化温度适宜,孵化条件相对较稳定,所以这阶段孵化所需要的时间相对较短。

（2）**温度**　水蛭的卵茧在自然条件下孵化需要温度 20℃左右,温度低,则孵化时间长;温度高,则孵化提速,如果长时间处于 10℃ 以下的低温,则不能孵出幼蛭。

（3）**湿度** 指卵茧周围土壤中的含水量,也就是产卵茧床的含水量,一般要求在 30%～40%。土壤过湿,易板结,不利于透气,卵茧易缺氧;土壤过干,易使卵茧失去水分,也不利于孵化。

13. 水蛭怎样进行自然越冬?

水蛭耐寒能力较强,一般不易被冻死。进入越冬期后,越冬区周围要保持安静,禁止进入越冬区扰乱。为防止温度偏低,须在平台上覆盖 5～6 厘米厚的水生植物或碾碎的麦秸保暖。如水面结冰,应经常破冰,以保持水中有足够的溶解氧。

14. 水蛭人工养殖有哪些越冬方法?

人工养殖水蛭的越冬方法主要有 3 种:

（1）**加深池水法** 池水冻结就会冻伤甚至冻死水蛭,加水可防止池水完全结冰。如果天气严寒,水面结冰,应经常破冰,以保持池水中有足够的溶解氧。

（2）**遮盖保温法** 池塘四周采用稻草、麦秸、玉米秸等保暖,非常适合大面积商品水蛭养殖。

（3）**移入棚内法** 当冬天即将来临前,把将健壮的种蛭移入塑料薄膜棚内越冬,每半个月投喂饲料 1 次。

15. 怎样实施水蛭人工保温越冬?

人工保温越冬是人工改变水蛭冬眠的习性,以延长水蛭生长期,从而提高产量的一项措施。人工保温方法很多,可以利用日光温室、利用塑料薄膜大棚、地热水、太阳能热水器保温、增温。有条件的可以采用太阳能热水器供应热水,利用塑料大棚保温,产量高,效益佳。在水蛭生长适温阶段要投喂足量饲料,及时换水改善水质。水蛭在大棚池中仅 12 月~翌年 2 月才停止生长,3 月份开始正常生长,有利于促进水蛭提早繁殖、多产卵。保温池不同种类水蛭每平方米放养量:放养宽体金线蛭种蛭 80 条左右、幼蛭 400 条左右;尖细金线蛭种蛭 100 条左右、幼蛭 500 条左右;日本医蛭种蛭 400 条左右、幼蛭 650 左右。

16. 水蛭的种源从哪来?

养殖规模不大的可捕捉本地野生水蛭做种,自己繁殖种苗;养殖规模较大的,需要种蛭量较大,应从饲养成功的养殖户或养殖场引种。

17. 怎样采捕野生种蛭?

(1)采捕季节 4 月上旬至 5 月上旬,野生水蛭活动频繁,正是捕捞成蛭的好时节。

(2)采捕场所 在我国位于北纬 32°~38°之间水流缓慢的小溪、沟渠、坑塘、水田、沼泽、湖畔以及温暖湿润的草丛里,均有水蛭的存在,是捕捞种蛭的场所。

(3)采捕方法

①人工直接采捕 在水蛭活动的高峰期,即 4 月上旬至 5 月上旬,选择晴天的上午 7~10 时和下午 4~6 时,在水田、池塘、水渠等水域用棍子搅动,就有水蛭从泥土、水草间出来,此时迅速用抄网捕捉。

②诱捕

A. 灯光诱捕：利用水蛭的趋光习性，晚上用灯光照亮水面，水蛭会聚集灯光区域，然后用手抄网捞取水蛭。

B. 猪血诱捕：利用水蛭喜食鲜血的习性，将猪、牛的鲜血涂抹在丝瓜络、废棉絮或稻草干扎成两头紧中间松的草把上，待血凝固后放入水蛭出没的池塘或水田中，约5小时后捞起，可捕到水蛭。

C. 草包诱捕：利用水蛭喜钻缝和避光的习性，将湿草包、废麻包等放到近水的岸边，其就会到草包和麻包下面，过几小时翻开草包和麻包，就能捉到水蛭。

D. 竹筒诱捕：将毛竹筒劈成两片，除去结节，竹筒内涂上动物血，再把竹筒合成原样捆牢，插在水田角或河边浅滩上，让水淹没。然后搅动竹筒周围的田水或河水，促使血腥味向四周扩散，水蛭闻到气味后即靠拢竹筒并即刻钻到筒内吃血。次日早上收筒，将水蛭取出。

E. 竹筛诱捕：将包有动物血或内脏的小包挂在竹筛上，再将竹筛缚在竹竿末端，竹竿另一端插在河岸，1~2小时后提起竹竿，即可捕获筛面吸着的水蛭。

F. 河蚌诱捕：取一只烫死的大河蚌，一条长绳系住蚌壳，投入有水蛭出没的水里，水蛭为摄食而被捕获。

18. 怎样选择成熟的种蛭？

（1）**年龄与体重** 种龄在2年以上，体重12~20克的水蛭。

（2）**健康状况** 个体活泼，体躯饱满、体表光滑，弹性有力，手一触其体，能迅速成团。

（3）**性征** 在繁殖季节,凡已交配过的水蛭,其身体前部雌雄生殖孔间都有明显隆起,用手触摸这些部位有粗糙感,这就是水蛭生殖带,繁殖以后生殖带消失。所以引进有生殖带的水蛭,可避免引进已经繁殖过或尚未达到性成熟的个体,影响当年的产量。

19. 什么季节适宜引种?

引种季节一般在春夏之交,这时气温上升,水蛭已度过冬眠,活动频繁。选择雨天、气温25℃左右的天气将引进的种蛭下塘,成活率较高,通常在90%以上。本季节引入的种蛭经过当年培育、充分适应新环境,又经过保种越冬,翌年春天可交配产卵茧,既提高了成活率,又提高了产量。

20. 水蛭引种应掌握哪些原则? 注意事项有哪些?

（1）**引种原则**

①慎重选择品种 在引种时要严格挑选符合中药材要求的品种进行饲养。

②就近引种 引种时,最好从就近单位选择优良品种。如从外地引种,最好和有关科研部门取得联系,征求他们的意见,取得指导和帮助,减少不必要的损失。

③备好相关设施 在没有建成养殖场所前,不能盲目购种,如不经驯化水蛭就会因不适应环境的变化而大量死亡。异地购种必须掌握如何训练水蛭快速适应生活环境的方法。

④不要在经销商处购种　有些养殖户为了省钱,就向一些经销商购买商品蛭作种蛭。这种做法是不可取的。因为商品蛭和种蛭是有区别的,种蛭可分为精种、纯种、一般种、统货四个等级,而商品蛭是经销商从水蛭养殖、采捕者手中收购而来,不论老幼弱病残,只要能药用就收,适合用于药材,却不适合做种。更要提醒养殖户注意的是,近年很多水蛭捕捞者不是用手工捕捉,而是用一种药物洒在水里,水蛭就会中毒浮于水面而被捕获。这样的水蛭是不产卵的,并且存活率只有 50% 甚至更低。

⑤签订购买合同　要与供种方签订购买合同,切忌匆忙采购。

(2) 引种注意事项

第一,注意运输安全。水蛭除冬季外,春夏秋季节都可放养,不过夏季放养,运输较困难,只有采取降温措施,才能安全运到目的地。

第二,做好引种记录。野外采集水蛭,要随时做好笔记,记录内容:采集时间、地点、水域、周围环境等,以便总结经验。

第三,做好消毒与隔离。采集的或引进的种水蛭体表会带有病菌,在放养前必须对其进行消毒,以防止疾病传播。常用的方法是药浴法。适宜的药物有食盐、漂白粉、甲醛等。具体消毒方法与一般鱼种消毒相同。如用漂白粉,在清洁的水中投入漂白粉,配制浓度为 10 毫克/千克,将水蛭放入药液中,水温 15 ~ 25℃,浸洗 5 ~ 10 分钟,然后移入隔离池或暂养池,1 周左右后,如果水蛭无异

常反应,就可转入正常的饲养或与其他水蛭混养。为了便于转移,药浴地点最好在池边或近池边的地方。

第四,做好选优培育。从野外采捕或购入的种蛭都要淘劣选优后再投放,以提高种蛭的质量。

21. 怎样采集野生水蛭的卵茧?

(1)**水蛭产卵茧时间** 水蛭的繁殖季节因时间、地区及环境等不同而略有差异。长江中下游一带,水蛭产卵时间从 4 月初开始,至 6 月中旬结束,5 月中旬为繁殖高峰期。

(2)**水蛭卵茧的自然分布** 水蛭一般在岸边浅水或土块、枯枝树叶下交配。卵茧常产在池塘、沟边潮湿泥土中,离水面 20~30 厘米,离地面 2~10 厘米。

(3)**采集方法** 产卵季节,在水沟、河边、湖滨边等潮湿的泥土中,如发现孔径 1.5 厘米左右的小洞,向洞内挖,即可能采集到泡沫状的水蛭卵茧。采集茧时要十分小心,否则会损伤卵茧内的胚胎。采到茧后要及时轻放到采集容器内,以塑料泡沫箱为佳。

22. 怎样判定水蛭卵茧的质量和时期?

(1)**优质卵茧** 个体大,色泽光润,整体饱满,卵茧出气孔明显;置于光线下仔细观看,如果看到卵茧内奶白色小块(即乳液)基本上已经干燥了,表明是好茧。

(2)**劣质卵茧** 个体小,色泽暗淡,整体不饱满,卵茧的出气孔不明显。

(3)**成熟卵茧** 刚产的卵茧为洁白椭圆形,似蚕茧状,约 2 小时后呈淡粉红色似海绵状,经 5 天左右呈棕褐色,手捏其时有弹性感。

（4）临产幼蛭茧　手拿卵茧对着光照,能看见很多幼水蛭在茧内蠕动,如果幼蛭在茧内已变成褐色,表明幼水蛭即将出茧。

23. 怎样判定幼蛭的好坏?

幼蛭可分为下水苗和没下水苗。下水苗指的是从下水 15 天后算起,成活率高达 95% 以上,体色为深紫红色,肚子里已有食物。下水苗只要在半个月内吃了食物,在 2 个月内不进食也不会死亡。没下水苗指的是下水后成活率低。不管是下水苗,还是没下水苗,对初养殖水蛭者来说能养好的极少。为避免经济损失,初养者建议以养青年蛭起步。

24. 怎样根据自身条件选择种蛭、幼蛭、蛭卵茧的引进?

（1）成年种蛭　如掌握一定的水蛭养殖技术,引进成年种蛭自繁自养保险系数高,风险相对比较小,即使种蛭有些伤亡,也可加工出售捞回一些成本,不至于血本无归,且留下的还可继续搞繁殖。长江流域引种最佳时间为 4 月 15 日前,不要超过 5 月 1 日。

（2）幼蛭　幼蛭孵化出的时间大约在 6、7 月,其抵抗力弱,正值天气转暖,气温回升,给幼蛭运输增加了难度。像虾苗那样加冰运输更是不可取。

（3）蛭卵茧　便于长途运输,运输成本低。小水蛭孵

出后能马上适应当地的环境,不像成年蛭那样需要有一段适应环境的过程。引进期在 4 月下旬至 6 月初。

25. 如何确定引种量?

(1)**购种蛭量**　应根据繁殖台面积而定,一般每平方米繁殖台投放种蛭 1.5 千克左右。

(2)**购幼蛭量**　2 月龄以下的幼蛭,每立方米水体可放养 1 500 条左右;2~4 月龄,每立方米水体可放养 1 000 条左右;4 月龄,每立方米水体可放养 500 条左右。

(3)**购蛭茧量**　按每千克卵茧有 800 个卵茧,每个卵茧可孵出幼蛭数为 15 条左右计算。购茧时可留有余地,适量多购一些卵茧。

26. 怎样运输种蛭?

种蛭运输的好坏与放养成活率关系很大,一定要重视运输。目前运输方法有 2 种,即干运法和水运法。

(1)**干运法**　如果运程较远,时间需 24 小时左右,可将活水蛭装入备好的 30 厘米×40 厘米、网眼 80 目的尼龙网袋中,高温季节每袋装 3 千克,春、秋季每袋装 5 千克,再用一个塑料泡沫箱,箱底放入一些冰块,冰块上放一些水草将冰与水蛭隔离。然后将装水蛭的尼龙袋放在水草上,袋上再放一层水草,塑料泡沫箱两端上部和顶部钻一些通气孔,最后盖好。由于水蛭是变温动物,加冰后泡沫箱内温度降到 10℃左右,水蛭新陈代谢水平极低,运输时间 24 小时以内没有问题。如果引种量大,夏季运输最好用空调车,这样比较安全。

（2）**水运法** 将水蛭直接装入盛水的塑料桶或其他容器中,桶和容器要加盖,盖上打一些通气孔,或用尼龙纱网蒙在桶口上,沙网四周边缘扎在桶缘上。一般直径30厘米、高38厘米的塑料桶可装5~6千克种蛭,放水后水与水蛭占容器的1/3~1/2。因水蛭有排泄物,会使水质恶化,如果运程长,中途应更换1次新水。水运法一般适于短距离少量引种时使用。

27. 怎样运输水蛭苗?

（1）**采用干湿法运输优缺点** 水蛭苗也称幼蛭。蛭苗常采用干湿法运输,即不带水的运输方式。其优点是用水少,占容器的空间相对较少,节省运输费用;避免了水蛭互相挤压,也便于搬运。如果运输中管理好,存活率可达到95%以上。需要注意的是:由于蛭苗比较娇弱,运输时间不宜太久。

（2）**装运操作步骤** 常用泡沫箱做容器。先清洗容器,将其浸湿,将水浮莲等水草清洗干净后放在容器内,然后将水蛭放到容器内。如果容器是塑料泡沫箱,需用透明胶带封好箱口,为了防止水蛭缺氧,在箱盖上打几个小孔,在小孔边上涂一层牙膏,以防止蛭苗爬出箱外逃逸。装车堆放时要注意不要将小气孔挡住。

（3）**运输途中注意事项** 运输途中要注意保温与保湿,途中每隔3~4小时要用清水淋1次,以保持水蛭体表湿润,利于正常呼吸,同时起到降温作用。

28. 怎样运输水蛭卵茧?

水蛭卵茧运输比较方便,通常采用半干法运输。以泡沫箱、塑料桶、塑料盆等为装运工具,如长 46 厘米、宽 34 厘米、高 26 厘米的泡沫箱,每箱装茧量在 1 千克以内。具体装运操作:先将装运用的容器清洗干净,然后小心排放一层卵茧,如果数量较多,可以在已经排放好的卵茧上面覆盖一层潮湿的纱布或水草,一层卵茧一层水草。为了防止卵茧受挤压而变形,最多允许放 3 层卵茧。运输时箱盖可封闭,也可敞开。

第三章
水蛭的营养饲料与投喂

29. 水蛭的生长发育有哪些营养需求?

水蛭的生长发育和繁殖等生命活动都依赖于营养物质的供给,营养物质主要来自饵料。水蛭需要的营养物质主要有五大类:蛋白质、脂肪、糖类、维生素和矿物质。水蛭在不同的生长发育阶段对营养物质的需求不同。掌握水蛭在不同生长发育阶段的营养需求,对科学投饵,促进水蛭的健康成长,提高单位面积产量有着重要意义。

(1)**蛋白质** 是构成水蛭生命的基本物质。水蛭对蛋白质的需求量随着机体生长而增加,幼年期对蛋白质的需求量为饵料总量的 30% 左右,繁殖期可达 80% 左右。水蛭的生长与增重主要是蛋白质在水蛭体内积累的结果。因此,人工养殖要注意饵料中蛋白质的含量是否达到标准。

(2)**脂肪** 是水蛭必不可少的营养物质。水蛭体内各个组织,尤其是在繁殖期和冬眠期,依靠体内贮存的脂

肪维持生理活动的需要。由于水蛭能将糖类转化为脂肪,因此对脂肪的需求很容易得到满足。

(3)**糖类** 又称碳水化合物,在营养学上一般分为糖类、淀粉和粗纤维素等。主要是提供水蛭生长和生活所需要的能量,是水蛭主要的能量物质,可转化成糖原及脂肪。

(4)**维生素** 水蛭对维生素需要量虽然不大,但不可缺少。水蛭体内如果缺乏维生素,会导致新陈代谢紊乱,引发各种疾病。

(5)**矿物质** 又称无机盐,包括常量元素和微量元素。主要作用是构成蛭体成分和酶的组成成分,提高水蛭对营养物质的利用率。缺乏矿物质会影响水蛭的生长,重则出现病态,长期缺乏会引起水蛭大批死亡。

30. 水蛭的食物有哪些?

水蛭是杂食性动物,以吸食动物的血液或体液为主要生活方式,常以昆虫、软体动物、浮游生物为主食。在人工养殖条件下以各种动物内脏、熟蛋黄、配合饲料、植物残渣、淡水贝类、杂鱼类、蚯蚓等为食。

31. 水蛭的天然饵料有哪些? 怎样采集?

水蛭的天然饵料主要有蛙类、螺类、鱼类、浮游生物等。采集方法如下。

(1)**螺类采集** 水库、池塘、河流、湖泊等地是螺类较多的地方,可用各种不同网具捕获。

(2)**水蚯蚓采集** 水蚯蚓是水蛭最适口的饵料。它常群栖在小水坑、稻田、池塘和水沟底部的污泥或水中，身体呈红色或青灰色。采集时将淤泥和水蚯蚓一起捞入网中，然后用水反复淘洗，挑出水蚯蚓。

(3)**蛙类采集** 方法有两种：一是采用钓捕，白天常用此法；二是采用灯光照捕，晚上常用此法。由于蛙类是有益生物，建议不要到野外水域捕捉，采用自繁、自育，供应水蛭所食。

32. 解决水蛭人工养殖饵料有哪些途径?

(1)**藻类和芜萍** 藻类个体较小，是水蛭的良好饵料。芜萍是浮萍植物中体形最小的一种，也是良好的小水蛭饵料。可以到水塘、稻田、藕塘等水体中捞取。

(2)**谷实类** 属于能量饲料，是幼龄水蛭和越冬成年蛭的主要饲料。主要包括玉米、稻谷、大麦、小麦、燕麦、高粱及其加工后的副产品。

(3)**豆类等植物性蛋白质饲料** 这类饲料蛋白质含量较高，为水蛭生长发育提供最主要的蛋白质来源。常见的蛋白质饵料有黄豆、豌豆、蚕豆及其加工后的副产品，如豆饼、棉仁饼、菜籽饼、芝麻饼、花生饼等。

(4)**动物性蛋白质饲料** 这类饲料能发出刺激性气味，所以较植物性蛋白质饲料更能吸引水蛭采食。常见的有鱼粉、骨肉粉、虾粉、蚕蛹粉、血粉等。

将谷实类、豆类等植物性蛋白质饲料及动物性蛋白质饲料按一定比例，适量加入矿物质、维生素及非营养性的添加剂，加工制成配合饲料，这是解决水蛭人工养殖的饲料的最佳途径。

33. 怎样投喂水蛭饵料?

（1）**水蛭的投饵量** 投饵量应根据水蛭的大小、个体饲料量来计算。以作者2014年水蛭养殖试验池为例：6月18日放养幼蛭2.1万条，10月2日起捕，养殖时间为120余天。养殖面积296米²水面，收获鲜蛭125千克，共投喂螺蛳475千克。水蛭规格：平均为130条/千克；平均单条重量为7.7克。因收获的水蛭平均个体小，最大的单条为25克，最小的为1克。投饵系数仅为3.8。由此可见，投饵量明显不足。正确的投喂饵料量应为从每条水蛭幼苗到成品，每产鲜蛭1千克，应投螺蛳14千克，饵料系数为7，足见增产增收。投喂其他活体饵料可参考此量进行投喂。

（2）**投喂操作** 将自捕或培育的螺蛳、蚌、田螺、河蚬、福寿螺等清洗杂质，再用漂白粉浸洗消毒，漂白粉浓度为10毫克/千克，水温15~25℃，浸洗时间5~10分钟，再经60目过滤、水冲洗残留漂白粉液，然后散布满池投喂。投喂时要细致检查螺蛳是否有腐臭味、死亡的，一旦发现，不能投喂。

（3）**螺蛳保活培养** 较大的养殖场应设螺蛳暂养池。小单位没有暂养池，可用大水缸代替暂养池充气暂养。操作方法：先进水半缸，然后放入螺蛳50千克，放入充气头1~2个。此法3~4天螺蛳成活率可达100%。缸内暂养螺蛳数量少，暂养天数可延长。将购进的螺蛳放在阴凉地方，干放平铺，不可积堆，可保证螺蛳存活1周。

34. 什么是水蛭投喂的"四定"原则?

所谓"四定"原则,即给水蛭投饵要定时、定量、定点、定质。

(1)**定时**　指投喂饵料的时间要固定,使水蛭养成按时摄食的习惯,以利于消化。一般情况下以上午9时左右和下午5时左右为投饵的时间。冬天在日光温室中饲养的,宜在中午投喂。

(2)**定量**　每天投喂的饵料数量要相对固定。日投喂量一般为水蛭总重量的10%,并根据水蛭摄食情况、天气变化、水温、水质等实际情况灵活掌握。测定投喂量的最科学的方法是,在投喂后要观察水蛭的摄食情况,正常情况下以3小时左右吃完为宜。如发现饲料有剩余,应将残饵捞出,减少下次投喂量。投喂后1小时之内无剩余,表明投喂量太少,下次应增加投喂量。水蛭日摄食量一般为其体重的5%左右,切勿投喂过多,以免水蛭过饱而死亡。

(3)**定点**　投饵的地点要固定,使水蛭养成定点取食的习性。投喂点的数量应根据养殖池的大小以及养殖密度来确定。为便于观察饵料,以集中投在饵料台上为好。饲料台尽可能设在池的中间或对角处,既利于水蛭的摄食,又利于清理剩余饲料。水蛭有群集争食的习性,饲料台应设多个。饲料台可用木框、铝制网线或尼龙密网布等制成,如用薄木板制成长80厘米、宽20厘或长50厘米、宽20厘米的饲料台,并将它固定在水下3厘米处。

(4)**定质**　自然生长的水蛭爱吃活饵料,不吃腐臭变质的食物。因此,投喂的饵料一定要新鲜,切忌投喂腐败食物。不管是动物性饵料,还是人工饵料,均要保证新鲜、卫生,绝对不可投喂霉变的饵料。饵料要多样化,动、植物饵料要合理搭配,饵料中蛋白质与维生素含量一定要保证,以满足不同阶段水蛭对营养的需求。近几年,有些养殖户培养活饵投喂水蛭,取得较好效果,值得推广。

第四章
水蛭苗种繁殖与培育

35. 水蛭人工繁殖工艺流程是怎样的?

见图 4-1。

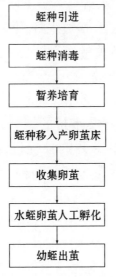

图 4-1 水蛭人工繁殖工艺流程图

36. 怎样引进供人工繁殖用的种蛭?

(1)**种蛭选择** 种蛭,又称亲蛭。选作人工繁殖的亲蛭,要求个体大,单条重达到 20 克以上,规格整齐,体态完好,体质健壮,手触成团,无病无伤,活力强劲,富有弹性,表面光滑,体表黏液较厚,水中游动迅速,性腺发育较好,背部纵纹清晰,呈淡黄色。

(2)**种蛭来源** 种蛭来源有两个途径:其一,捕捞野生种蛭。从湖泊、河道中捕捉水蛭,经选择做种。采集场地为水蛭经常出没的地方,采集时间在水蛭活动的高峰期,当天上午 8~10 时;下午 4~6 时。其二,采购。从水产部门、养蛭单位或集市上购买符合做种的水蛭。

(3)**引种时间** 水蛭一年产两次卵,一次是在春天,另一次是在秋天。人工养殖水蛭不宜秋天购种。因为秋天购种要解决过越冬关的难题,初养者如果技术不过关,会造成越冬成活率不高,甚至全部死亡,遭受经济损失。提倡春季购种,一是即使种蛭死亡,也可加工成药用蛭,挽回经济损失;二是春季水蛭的饵料较易解决,可降低养殖生产成本。注意春季采购种蛭也应选择适宜的时间,如长江中下游一带常在 5 月前购种,不能晚于 5 月 1 日。自然界水蛭产卵茧的时间通常在 4 月下旬至 5 月下旬(平均水温 20℃),浙江舟山地区水蛭产卵茧最早在 4 月 10 日左右,所以本地购种最佳时间应在 4 月 15 日左右。

(4)**种蛭运输** 必须要选择合适的运输工具,否则会影响种蛭的成活率。

(5)**种蛭消毒与暂养** 种蛭运到后要进行消毒处理

后才可投放。消毒方法:取大塑料盆或大方桶 2 只,洗浴液为 0.5%~1.0% 福尔马林或 0.1% 高锰酸钾溶液,将种蛭放入盛有洗浴液的盆或桶内后,浸浴 5 分钟,捞出放入盛清水的盆(桶)中,以清除在蛭体上残留的消毒药。把消毒后的种蛭投放到单独饲养池中暂养几天,放养密度为 2~3 千克/米²。

(6) **引种注意问题**　①野外采捕要注意品种选择,防止劣质品种混入。②购买种蛭不要求富心切,要明辨夸大不实宣传,不要轻信虚假广告。③引种时要坚持就近原则,不要舍近求远。④挑选种蛭时要以临近产子期的为佳,以利于短期获益,节约成本。

37. 蛭种放养应注意哪些问题?

蛭种在春、秋季放养。放养时应注意以下问题:

(1) **蛭种要选优去劣**　无论是引进的水蛭,还是在野外采集的野生水蛭作蛭种,都要选优去劣,不能不管三七二十一都投入池中。在饲养过程中,更要选优去劣。挑选过程中要把已死或有伤残的水蛭挑出,留下健康、发育状况良好的水蛭,并实行大小分级饲养。

(2) **合理掌握放养密度**　投蛭种时池水水深应控制在离繁殖台(产床)20~30 厘米,每 667 米² 繁殖台放养经隔离饲养后的蛭种(亲蛭)600~800 千克。

(3) **注意水温差**　蛭种运到后,一般在早晨或者傍晚气温较低时放养,必须注意购买地或采集地水蛭出水时水温与放养地池水水温的温差不能大于 5℃,若温差大于 5℃,必须先调节温差后再放养,否则水蛭会出现应激反

应,影响成活率。

(4)采取科学放养方法

①采用干法运输的水蛭,不能直接倒入养殖池中,应先放到阴凉处,经消毒后,用清水冲洗残留的消毒药,然后将水蛭分散倒在产卵台上,用一层湿土覆盖,让水蛭自行爬到水中或钻入泥中。

②采用湿法运输的水蛭,放养前经消毒,冲洗残留消毒药后,测量池水温度与装水蛭容器中水的温差,相差不大时,可以把容器内水蛭倒入水中,让其自行分散;对个别吸在容器壁上的水蛭,不能强拉,防止伤害水蛭吸盘,让其自行爬入水中。一般放养的第一周,水蛭死亡率2%~3%是正常的。死亡的主要原因是由于在运输过程中压伤或吸盘拉伤,症状表现为体内有肿块、淤血,吸盘开裂、红肿等。

38. 怎样设置繁殖台?

繁殖台,又称产卵台、产卵茧床,是在水泥池或平地上用土壤筑成的田畦,专门供种蛭入泥筑茧、产卵之用。繁殖台应设置在塑料薄膜大棚内,土池育苗也可以设在室外露天池中。繁殖台必须在运输种蛭前准备好。畦高25厘米左右,宽120厘米,长度不限(根据种蛭量而定)。畦与畦之间留有宽40~60厘米的水沟,未到产卵期的蛭种或产卵茧后的水蛭进入水沟后不干燥而死。繁殖台的土壤应是比较松软的,土壤中水分含量为30%~40%(检测方法:用手一捏可成块,轻轻晃动即可散开)。为了使繁殖台的土壤更好地保温和遮光,在土壤上面须覆盖稻草。每平方米繁殖台台面可供 1.5 千克蛭种繁殖产卵茧所需。

39. 种蛭移入繁殖台后怎样筑茧与产卵?

(1)**水蛭筑茧** 长江流域在 4 月上中旬,将经过几天暂养的种蛭移入繁殖台。种蛭放入繁殖台后,健康的、已交尾的种蛭自然会慢慢地钻入泥土中,接着向上方钻一个斜行或垂直的孔道,孔道宽约 1.5 厘米,深 5~6 厘米,并有 2~4 个分叉道。水蛭的前端朝上停息在孔道中,环节中单细胞体分泌一种薄薄的黏液,夹杂空气而成为肥皂泡沫状,接着又分泌另一种黏液,成为卵茧壁,包于环带的周围构成卵茧。茧形大多数为椭圆形或卵圆形,呈海绵状或蜂窝状。如果是室外或土池养殖池繁殖,则水蛭在产卵前,先从水里钻入岸边的泥土、田埂边或水塘边,选择的产卵茧床大多数是比较松软的土壤。

(2)**水蛭产卵** 水蛭筑茧与产卵是连续完成的,一旦茧筑成,卵从雌性生殖孔排出,落入茧壁与水蛭身体之间的空腔中,同时分泌一种蛋白液于茧内,紧接着已完成产卵的种蛭慢慢向后退,同时其前吸盘腺体分泌一种物质而形成栓,栓封闭茧前后两端的开孔。从筑茧、产卵、封孔到退出大约需要 30 分钟。一条水蛭一次可产卵茧 2~3 个,个别的可产 4 个。卵茧的大小差别较大,第一个最大,最后产的卵茧最小。卵茧通常重量为 1.65~1.68 克。卵茧大的每千克有 590~595 个,小的每千克有 800~880 个。

水蛭从交尾、受精到受精卵的形成,排出体外,形成

卵茧需要1个月,这段时间称为水蛭的妊娠期。

40. 怎样管理已移入蛭种的繁殖台?

（1）**定时测量繁殖台泥温**　为了掌握收集卵茧时间,必须每天测量泥温,测量时间为上午8时、下午2时各1次,并作好记录。

（2）**观察繁殖台的土壤含水量**　根据蛭种筑茧、产卵对繁殖台土壤湿度的要求,需要正确掌握土壤的湿度。如土壤过干,要及时在土壤表面喷洒适量的水,以调节土壤湿度。若是室外繁殖台,如果下暴雨淹过平台,应在3天内恢复,否则茧内幼体会窒息死亡。

（3）**保持繁殖台周围环境安静**　水蛭产卵期,应尽量保持环境安静,不干扰水蛭筑茧,不惊动正在产卵的蛭种,以免出现空茧。孵化期间,更不能在繁殖台上走动,以免踩破卵茧。

（4）**坚持巡繁殖台**　产卵茧后的水蛭有时会离开土壤,爬到繁殖台边缘,体质差的水蛭会死在那里,要及时将其收集起来加工。对于还活着的水蛭,如不健康,要收集起来暂养;对于很活泼的水蛭可直接放回繁殖台土上,让其钻入泥土中继续产卵茧。如果繁殖台底部是水泥底面,两繁殖台之间畦沟应有积水,不会影响繁殖台的湿度,且有利于从泥中出来的水蛭跑到沟里不会遇干燥而死。

41. 怎样收集卵茧?

在正常气候条件下,蛭种钻入繁殖台泥中,一般一周左右会产茧、产卵。由于每条蛭种产茧、产卵不同步,所以不能马上收集卵茧。通常第一次收卵茧时间:自蛭种移入繁殖台后 20 天左右;第二次收卵茧时间:自蛭种移入繁殖台后 30 天左右。收卵茧操作方法:收卵茧操作要小心、仔细,不要损坏卵茧。用铁锹从繁殖台底部有序地将泥翻起,拣出卵茧,小心地放入容器中待孵化。

42. 怎样做好水蛭卵茧的室内人工孵化?

室内人工孵化水蛭卵茧是在专用的孵化室内完成,通过人工控制温度和湿度,创造最佳的适宜孵化的室内环境,同时避免天敌的侵袭,从而使水蛭的孵化率大大提高。

(1)**孵化土准备**　孵化土是水蛭卵茧人工孵化的关键材料,要提前准备好,但也不要太早,因土壤贮存较长时间会发霉变质,一般在卵茧孵化前 1 周准备好。孵化土要经过消毒处理,否则卵茧孵化率很低。孵化土消毒处理工艺:将从稻田挖取的土壤蒸煮或用漂白粉消毒,晒干至发白,用米筛筛选细粒,贮藏待用。贮存时袋口不要封闭。

(2)**孵化容器**　可用塑料桶、泡沫箱等作为孵化用具,在卵茧入箱前先将其清洗干净,然后在日光下晒干待用。

(3)**卵茧入箱**

①选卵茧　将从繁殖台土中取出的卵茧进行适当挑选,剔除破茧,留下的按照大小、老嫩分开进箱。

②排卵茧　将孵化土放在孵化箱的底部,厚度为 1～

2厘米,然后将卵茧较尖的一端朝上,整齐地摆放在孵化土上,在卵茧上面再盖一层1.5~2厘米厚的孵化土,孵化土上再盖一层保湿纯棉纱布或棉布等物,以保持孵化土湿度在30%~40%。也有人认为在卵茧上面不需盖孵化土,但洒水要比盖有孵化土的要勤。为防止幼蛭逃跑,在孵化容器上加盖一层60目的尼龙筛绢网,最后用塑料布包裹严实,以防止孵化器内的水分蒸发。一般经过25天左右即可孵出幼蛭。由于孵出幼蛭不同步,有早有晚,为了防止孵出的幼蛭逃跑,在塑料泡沫箱下面用塑料布围设1个小池,池内蓄有适量的水,用来接纳孵出的幼蛭,并在水面放一些竹片或木棒等,供幼蛭爬到上面栖息。养殖规模小的单位也可用较大的水缸或其他容器,代替塑料围成的水池。

(4)注意事项

①经常观察孵化土干燥程度 在孵化过程中,孵化土湿度控制在30%~40%,室内空气相对湿度应保持在70%~80%,过高或过低都不利于卵茧的孵化。如果发现箱内孵化土中含水量低,可用喷雾器进行加水,以达到孵化的要求。必要时可直接向棉布上面喷雾状的水,但要防止过湿。

②注意孵化室的温度 室内温度应控制在20~23℃。室温过高时要打开门或窗户通风,室温过低时要紧闭门窗。

③不要随意搬迁孵化箱 搬迁不当易引起波动,损坏卵茧,造成卵茧内的幼体窒息死亡。

43. 怎样做好水蛭卵茧的室外自然孵化?

利用畦式土池养蛭池进行水蛭卵茧的室外自然孵化,是一种较好的水蛭卵茧孵化方法。蛭种运到后经消毒、暂养几天,移入畦与畦之间的水沟里,不久蛭种会自行进入畦泥中筑茧、产卵。水蛭产卵茧后经过 1 周时间,恢复了体力,开始从泥中爬出,进入畦间水沟中寻食。这时产在畦泥中的卵茧就开始自然孵化。水蛭卵茧在室外自然条件下孵化需要的条件是:温度在 20℃左右,卵茧孵化时间需 20 天。如果条件恶劣,不但卵茧孵化时间延长,而且有可能孵不出幼蛭,卵茧孵化对畦泥湿度有一定要求,适宜孵化湿度在 30%~40%之间,湿度过大或过小,都不利于卵茧的孵化,甚至孵不出幼蛭。自然条件下水蛭天敌较多,会影响卵茧的孵化率。

据报道,5 月底至 6 月初为初期孵化阶段,卵茧孵化量占总量的 20%~30%;6 月中旬为孵化盛期阶段,卵茧孵化量占总量的 40%~50%,孵化时间为 30 天;6 月下旬,大多数卵茧均已孵化,卵茧孵化量占总量的 10%~20%。

为了尽量减少外界对卵茧孵化的干扰,在孵化期间,如果繁殖台(畦泥)上的草量少或分布不均,可用湿润的稻草、麦秸等覆盖。沟中水位要相对稳定,与繁殖床垂直距离 20~30 厘米。因此,当水位下降或上升,对水位都应做出相应的调整,以免卵茧孵化失败。

44. 什么样的幼蛭才是优质的水蛭苗？怎样放养幼蛭？

（1）优质幼蛭苗的标准 优质幼蛭苗体色应为深紫红色，活力强，将其放在脸盆里，轻轻碰触即能迅速做出反应，蛭体缩成一团，有时还能看到其尾尖扇动，趋光性敏感度高。幼蛭放在水里暂养 15 小时以上，成活率达到95%以上，表明幼蛭质量较好。初孵出幼蛭呈软木色，随着幼体生长，体色逐渐变为成蛭的体色。

（2）幼蛭放养 在管理认真、温度和湿度适宜的情况下，通常经过 25 天左右即可孵出幼蛭。孵化天数达到时，通常每个卵茧可在一天内全部孵出幼蛭。如果茧内幼蛭较多，卵茧孵出幼蛭会出现不同步，先在头一天孵出10~20 条，第二天再孵出剩余部分。在孵化后期会有一些卵茧先孵出幼蛭，所以基本上半天收集 1 次幼蛭。刚孵出的幼蛭很小，平均仅 13.5 毫米×2.9 毫米。要仔细观察，待卵茧全部快孵出后，可整体转移到暂养池或饲养池。转移方法较多，在此介绍一种较方便、实用的方法：在孵化箱内倒入一定量的水，将即将孵出幼体的卵茧从孵化箱内捞出放入竹篮里，在暂养池里放一块 25 厘米×30 厘米的塑料泡沫板，把盛有卵茧的竹篮放在泡沫板上。为了便于观察，把泡沫板固定在一处，以防漂移。孵出的幼蛭可直接移入暂养池，饲养 1 个月左右再移入养成池塘饲养。留在孵化箱里的水、泥和幼蛭，分次倒入暂养池里。

········· **第五章** ·········

水蛭养殖模式

45. 水蛭养殖模式有哪些?

水蛭养殖模式有野外粗放养殖和集约化养殖两大类。

(1)野外粗放养殖 是通过圈定养殖水面后加以保护而获得水蛭产品的一种养殖模式。本模式主要有水库养殖、池塘养殖、湖泊养殖、河道养殖、稻田养殖、沼泽地养殖、洼地养殖等模式。水蛭野外粗放型养殖模式特点:①养殖面积较大,自然饵料丰富,投入小,收益大,单位面积产量较低;②管理上难度较大,主要管理工作是做好防逃、防敌害及控制水位。

(2)集约化养殖 又称集约化精养,是通过人工建池、投喂饲料、精心管理等方式而获得水蛭产品的一种养殖模式。主要有鱼塘式养殖、场区养殖、室内养殖、庭院养殖、工厂化恒温养殖等模式。水蛭集约化精养模式特点如下:

①自然饵料丰富　因为水位浅，水层波动小，光照充足，有利于浮游生物、底栖植物的繁殖生长，为水蛭提供充足的氧和饵料。

②养殖池水体颜色呈季节性变化　由于土质、水深、残饵、水中浮游生物生长繁殖等影响水体变化。当水中浮游植物繁殖多时，水体呈绿色；浮游动物多时，水体呈黄色；腐殖质多时，水体呈褐色或酱油色；水蚤大量出现时，水体呈红色。水色由浓变清，水中含氧量剧降。

③水质易变质　由于放养密度高，投饵后若不及时清除残饵，易导致水质变坏，因此相对于其他模式换水要更及时，防止水蛭大量死亡。

④水体 pH 值变化大　养殖池水体 pH 值在 6.5~9.5 之间，昼夜有周期性变化，一般黎明时，水体中二氧化碳含量高，pH 值下降，呈弱酸性；白天水体中二氧化碳含量减少，pH 值升高，水体呈弱碱性。中性及弱碱性水有利于水蛭生长。

46. 怎样选择水蛭养殖模式？

水蛭养殖模式不同，养殖水体条件、池塘条件、投入条件等不同，所以经济收益也不同。野外粗放养殖，投入少，产量低，自然收益也低；集约化养殖，投入比较大，管理、技术要求也很高，水蛭天敌相对较少，产量高，经济效益极佳。总而言之，集约化养殖属于"高投入、高风险、高收益"的养殖模式。

选择何种养殖模式，考虑要慎之又慎，着重要考虑以下几点：

①养殖时间和养殖水平 对于刚起步的新手,最好先利用房前屋后的小池塘、泥坑、庭院等搞粗放养殖,待积累经验后再发展精养;对于养殖经验丰富、技术已过关的养殖户来说,则可考虑建高标准的养殖池,进行工厂化养殖。

②资金来源决定养殖模式 如资金短缺,可考虑经营粗放养殖;如资金实力雄厚,可经营集约化养殖。

③环境条件 环境条件差,就采用野外粗放养殖;反之,环境条件好,可实施集约化精养模式。

初养水蛭者,蛭苗可以自己繁殖,也可以买入,无论是自己繁殖,还是买入,都需要有经验的养殖者或专家指导,否则易繁殖失败或上当受骗,造成经济损失。所以,一般刚起步或没有请专家指导的养殖户建议不要养幼蛭,从青年蛭养起,成功把握大。

47. 怎样利用水泥池养殖水蛭?

水泥池养水蛭的优点是起捕容易、管理及防病方便,养殖密度略高于其他模式。缺点是投资大,成本高,一般养殖户很难承受,产量只比其他养殖模式稍高些。新水泥池短期内脱碱较难,新池一般在 2 年内养殖死亡率较高。由于水底净化和分解能力很差,水易变质。

(1)造池 水泥池有地下式和半地下式,极少有地上式。选在背风向阳、靠近水源、周围安静、没有高大树木或房屋遮阳光的地方建池。池子东西走向,长方形。池壁现浇或用砖或块石、水泥泥浆砌成,水泥抹面,池壁要求不光滑、粗糙,以防水蛭外逃。地面以上高 10~30 厘米,壁顶用砖横砌成"L"字形檐。池底用水泥浆浇成,略向出水口倾斜。池长不限,以40米左右为宜,宽3~4米,深80~100厘米。建池时要安排好进、排水和溢水管道的位置。这几种管口都要安装防逃网。

(2)水泥池的处理 老的水泥池在使用前要进行检查,破损、漏水的池要修补,并用药物进行消毒后方可使用。新池必须进行脱碱处理,经试水确认放养水蛭安全后方可使用。脱碱方法很多,最简单的方法是水泥池放满水,然后投放100~150千克稻草,浸泡20天左右后,排出老水,再放入新水,浸泡4~5天,排出水后即可使用。

(3)池内设施 根据水蛭的生活习性,光滑的水泥底不适宜其生长,必须做适当的处理。

①池底放置水蛭栖息物 水泥池底放些石头、旧水泥砖、瓦片等供水蛭栖息。

②池内种植水草 种植轮叶黑藻、金鱼藻、浮萍、凤眼莲等,注意浮水、挺水性的植物适当搭配,以利于水蛭的栖息附着和供应饵料生物。池面放养占其1/5面积的水葫芦,再放一些毛竹梢及大毛竹漂浮于水面。

(4)苗种放养 放养水蛭时,水深控制在25厘米左右。放养蛭苗之前应剔除残伤、畸形、杂种、病态苗。放养幼蛭体长2厘米左右,每平方米放养70~100条。初养者最好放养2个月龄以上的健康水蛭作种苗,成功率较高。注意水泥池不适宜水蛭进行自然繁殖,因此不能投放种蛭。

（5）日常管理工作

①投饵 在水泥池中养殖水蛭,务必要科学投喂,否则易导致水蛭因缺食而饿死。投喂的饵料和投喂方式与池塘养殖大同小异,可参考有关内容。

②水质控制 由于缺乏底泥的自净作用,所以入池的水必须优质供应。水质控制应做好以下两项工作:其一,调节水质,要求水质肥爽清新,每2~3天换水1次,先排池底污水,然后加入新鲜的水。如果能做到微流水更好。其二,定期泼洒微生物制剂,常用的有光合细菌、芽胞杆菌、EM原露等。运用这些微生物可将水体或池底沉淀物中的有机物、氨氮、亚硝态氮分解吸收,转化为有益或无害物质,从而达到水质和底质环境的改良、净化的目的。

③水温控制 养蛭水温最好在10~35℃,10℃以下水蛭停食,35℃以上影响水蛭的生长。当7~8月份较高温度时,可以在水面上放养些浮萍、水葫芦等以遮阴。

48. 怎样利用土池养殖水蛭?

（1）塘址的选择与设计 土池建在靠近水源、土质坚实又不漏水的地方。一般建成地下池,池壁和池底不用砖和石,只要夯结实即可。面积可大可小,一般为100米²左右。进排水口在池中呈对角线排列,进水口高于水面,排水口设在水底,即泥表层0.3米处。用PVC管组装成排水系统方法:埋入1条管径100~200毫米、长度以坝外面一端伸达到排水渠为宜,另一端可伸达到防逃网外面为宜。在防逃网外面的一端接上一只弯头,弯头口垂直向上,取 1 条管径 100~200 毫米、长约 0.6 米的 PVC 管(称内管)插入弯头里(可自由拔出),在管子的上管口打竖眼(距管口约 0.5 米),以便排出养殖池的表层污水。再取 1 条粗 150~250 毫米、长约 0.8 米的 PVC 管(称外管)套在内管的外层,在距管底部约 0.05 米位置打竖眼,以便排出池底的杂物与脏水。排底层水时拔内管,排上层水时拔外管。PVC 管排水系统见图 5-1。进排水口都要安装尼龙网防逃。池壁坡度要小,池底夯实后铺 20~30 厘米厚的水草栽培基质。如有经济条件,可在池底先铺一层油毛毡,再在池底及池周铺一层塑料薄膜,四周缝隙堵实。在塑料薄膜上面铺上 20~30 厘米厚的水草栽培基质,以利于水生植物的正常生长。

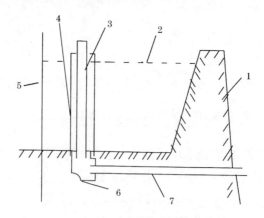

图 5-1　PVC 管排水系统组装示意图

1. 池堤　2. 水面　3. 排水内容　4. 排水外管
5. 防逃网　6. PVC 管弯头　7. 排水管

(2)设置防逃网　水蛭的攀爬和逃逸能力极强,因此防逃工作是水蛭养殖中一项非常重要的工作。一般在池塘堤坝外围设置防逃墙。防逃网可防逃和防敌害入侵。防逃网用60目塑料筛绢网片，应设置在池埂岸外30厘米处，每隔3米左右深插（插入泥中50~60厘米）1根长度为1.5~1.8米的竹竿或木杆，竹竿（木杆）之间用4~5毫米的聚乙烯绳连接并拉紧。竹竿（木杆）露出一端垂直钉上1根长30厘米的竹竿（木杆），呈倒"L"形，网的下缘埋入堤坝基地下20~30厘米，上缘要缝在4毫米左右的聚乙烯绳上，向池内折成宽30厘米，夹角90度，用直径2~3毫米的塑料绳绑扎固定在木架上或竹架上，其中5厘米宽聚乙烯网自由下垂。

（3）放养前的池塘准备

①清池消毒　池建成后，要清池消毒，先灌水冲洗浸泡数天，然后排干水，进行常规消毒，水蛭放养前灌进清水培养水质。

②种植水草　水草能净化水质，减低水体肥度，提高池水的透明度，同时可供水蛭休息、交尾、遮阳避暑等。种植的水草有苦草、眼子菜、轮叶黑藻、金鱼藻、凤眼莲、水浮莲和水花生等以及某些陆生草类。水草种植面积以不超过池塘总面积的1/8为宜，种植时要分散，不可集中。水草生长过盛要适时清除。

③进水与施肥　要求水源丰富，水质清新，有机质含量低，排灌方便。一般江湖水、井水、地下水、水库水、山泉、溪水、自来水等均可。被农药或其他化学物质污染的水，不能养殖水蛭。为了防野杂鱼及鱼卵随水进入饲养

池中,向池中注入新水时,必须用 60 目筛绢网过滤。放苗前 7~15 天,加注新水 20 厘米。水蛭放养于清瘦池水中,会因不适而拼命外逃。为此,进水后要适当施用经腐熟发酵的有机粪肥如鸡、猪粪及青草绿肥等有机肥,对新开挖的养殖池,施用量为每 667 米²200 千克左右,另加尿素 0.5 千克,培育轮虫和枝角类、桡足类等浮游生物饵料。老池塘塘底较肥,每 667 米² 可施过磷酸钙 2~2.5 千克,对水全池泼洒。

④投放螺蛳与河蚌　螺蛳和河蚌既可作为水蛭的优质饵料,又是水蛭的寄主。因此,在水蛭放养前必须先放养螺蛳和河蚌。投放螺蛳和河蚌要注意以下三点:一是投放时间在清明节前进;二是投放要均匀,均布于池塘每一角落;三是螺蚌投放后的 10 天内不要施化肥培养水质。

(4)水蛭的放养

①放养模式　有两种:一是购买蛭种或捕捞天然水域蛭种,进行自繁自育。在 7~10 月份,捕捞成蛭作为蛭种放入一定的水体中保种越冬,翌年蛭种即可自行繁殖。体长 6 厘米以上的成蛭在适宜的条件下,一年可以繁殖 2~4 次。繁殖时每 667 米² 养殖池投入 50~80 千克。孵幼期每 5~7 天投喂 1 次,开始饵料用熟鸡蛋黄放入 60~80 目筛绢网中搓碎泼洒,中后期用动物血拌麸皮、花生壳粉或鸡、猪商品饲料投喂。二是放养当年繁殖的幼蛭直接饲养成商品蛭出售。

②放养时间　蛭种于春、秋投放。幼蛭在孵出 1 个

月后投放。

③放养规格与放养密度 池塘水深 25～30 厘米,蛭种规格为 15～25 克/条,每 667 米² 水面放养 25～30 千克。幼蛭体长 2 厘米左右,每 667 米² 水面放养幼蛭 10 000～12 000 条。如果养殖技术高、池塘条件又很好,则可提高放养密度,每 667 米² 水面放养幼蛭 15 000 条。此外,还须注意以下几点:不同的养殖品种和同一品种在不同的生长阶段,放养密度均有一些差异,如日本水蛭的放养密度要比宽体金线蛭大一些;放养小幼蛭较大幼蛭密度要大些;放养量应根据养殖池具体条件与水蛭生长状况之间的平衡而定。

(5)水蛭的饵料投喂 水温上升 10℃ 以上时,水蛭投喂工作要跟上,主要是投放螺蛳或福寿螺等,一般每 667 米² 水面放养螺蛳或其他淡水贝类 50～100 千克,让它自然繁殖,同时与水蛭共栖、共长,水蛭可随时摄食。改投喂动物血或动物血与其他饲料拌和投喂时,则每周投放畜禽血液凝结血块 1 次,沿池四周每隔 5 米放置 1 块。水蛭摄食后会很快散开,剩余的血块要及时清除,否则会污染水质。有时在池中投放一些萍类等水生植物,既可为水蛭提供栖息场所,又可作为螺、蚌、蛙、贝、虾等的饲料。投饵要有针对性,不同品种水蛭投喂的饵料略有区别。如日本医蛭主要以吸食人畜的血液为生,在人工饲养时可用新鲜的猪、牛、羊的凝结血块作为饵料。投饵时间在每天下午 5～6 时,饵料投放于食台上,食台设置在池边四周,每个食台 1 米² 左右,一半浸入水中,一半露

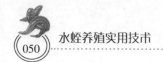
出水面。水蛭投喂应采用"四定"、"三看"的原则。

(6)水质管理

①换水与冲水　在人工养殖的条件下,因水蛭密度比较大,必须经常冲水和换水,保证水质清新,确保一定的溶解氧。

②水质调控　主要做以下三方面工作:一是保证合适的水位,因为水蛭繁殖在泥土中,而不是在水中;二是池塘的水质以黄褐色、淡绿色的水体较好,水深60厘米,pH值呈现中性或微酸性。三是在5月中旬至9月中旬使用微生物制剂,如光合细菌等,每月1次,以调节水质,消除水体中的氨氮等有害物。四是要及时清理已死亡漂浮在水面的螺蚌尸体。但要检查漂浮物中是否藏有水蛭。

③水温调控　水蛭的适宜水温为15~30℃,10℃以下便停食,水温过高不利于生长,30℃以上水蛭就会停止生长。因此,高温时要搭建遮阳棚防暑,在养殖池中放些水浮莲、水葫芦等水草;低温时覆盖塑料膜延长秋季生长时间。此外,可在池底放些石块、瓦片、木板、竹梢等物,以便于水蛭藏身和栖息。

④底质改良　科学投饵,减少剩余残饵在池底的累积。定期使用底质改良剂,促使池泥中有机物氧化分解。

(7)日常管理

①巡池检查　主要是每天早晚各检查1次,重点是检查水蛭的活动、觅食、生长、繁殖等情况,防逃、防盗设施是否破损,发现问题要及时采取措施。

②控制水草的长势　池中水草的生长非常必要,长

势衰退的要在浮植区内泼洒速效肥料。同时要注意水草过盛会妨碍水蛭的生长,要及时控制。

③防逃防病常抓不懈 要经常巡池,发现水蛭逃跑及时捉回,并查出原因,发现疾病要对症下药,及时处理。严防天敌危害水蛭。

④做好养殖记录 详细记录种苗放养时间、数量及水温、水质、投饵种类和数量,疾病等情况,为日后积累科学数据,便于总结养殖经验,提高养蛭的技术水平。

(8)起捕

①起捕原则 捕大留小,规格大的上市,小的放回水池继续养殖。根据水蛭的生物学特性,采取不同的捕捞方法。

②起捕时间 水蛭生长速度较快,经过3~4个月的人工养殖,商品水蛭规格已达到25克左右,即可捕捞上市。养殖大单位,一年可集中两次捕捞。首次在6月中旬,将已繁殖两季的种蛭捞上加工出售。第二次安排在10月下旬,此时早春放养的水蛭一部分已长大,可捞出加工出售,留下的未达到上市规格的可养到翌年捕捞上市。

49. 怎样利用旧鱼塘养殖水蛭?

利用旧鱼塘改造成养殖水蛭的池塘,可以省去一笔建塘经费,同时还加快了投产的速度。利用旧鱼塘养殖水蛭必须做好以下几项工作。

(1)清塘 旧鱼塘四周的杂草要清理干净,机械或人工清除池底的淤泥。再择晴天用生石灰消毒。

(2)防逃 池塘四周用80目筛绢网围一圈80厘米

高的围栏,网下缘埋入池底泥 30 厘米,上缘向池内折 15~20 厘米构成檐,防水蛭越网逃逸,围网用立桩和筷子粗塑料绳固定。

(3)**进出水口位置** 池塘对角设进出水口。

(4)**池底及水面设附属物** 为了使水蛭有栖息物和休息地,池底要多铺放一些石块、瓦片之类。和池塘养水蛭一样池底种植一些水草。水面移植一些不超过池面 1/5 的水葫芦,在水面上多放几块大木板、竹排,池塘中建若干个高出水面 20 厘米、面积为 1 米² 左右的土墩子。

(5)**注意"三防"** 旧池天敌多,水蛭也易逃,因此防天敌、防逃更显得重要,尤其是设的防逃网位置要正确。

(6)**其他管理** 参照土池养殖水蛭管理。

50. 怎样利用网箱养殖水蛭?

利用网箱养殖水蛭也是一项较好的养殖模式。网箱养殖优点是成本小、生长快,防逃、防天敌效果好,收获率高,几乎百分之百。

网箱内种上合适的水草供水蛭栖息。投喂时可人工下水投喂,或划小船投喂。

(1)**选场建池** 养殖场地周围选择无工业污染、水源充足、水质清洁、排灌设施完全、交通方便、天旱不干、洪水不淹、环境安静的地方。建池面积 0.5~0.7 公倾,水深 0.6~0.8 米,池塘以不漏水为原则,池塘对角设进、排水口。水蛭的网箱养殖面积约占池塘的 65%~70%。

(2)**网箱设置** 网箱采用聚乙烯全新材料制成,网箱目数与长度可根据场地大小和蛭苗种规格而定,水面大

放大网箱,水面小放小网箱。如 1 400 米² 的水面,可放宽
5~8 米、长度不限的小网箱几个;或者放 1~2 个大网箱。
幼蛭网片规格 80 目、成蛭网片规格 30~40 目;一般幼蛭
期网箱长 50 米、宽 3 米,成蛭期网箱长 80 米、宽 4.5 米;
网箱高度为 100 厘米,上口设檐宽 15 厘米,箱壁与檐呈倒
"L"形,以防水蛭逃逸。最近几年,根据幼蛭擅于逃逸的
特点,各地所用的幼蛭网箱趋向小型化,同时,对幼蛭网
箱的防逃做了改进,将防逃檐远离箱壁的一边折成直角
下垂 15 厘米,使网箱上口呈倒钩形。网箱固定桩的桩间
距离 3~4 米;网箱与池塘四周距离 3~4 米;网箱间距离 1
米左右。用适量泥土压住网箱底,中间放一些浮性水草
或空心菜,供水蛭栖息和夏季降温,水草或空心菜占网箱
养殖水面的 40%。

(3)**蛭苗放养** 水蛭放养密度略高于水泥池养殖。

①幼蛭放养 放养时间 5 月底至 6 月初,放养密度为
3 000~3 500 条/米²,规格为 50 000~60 000 条/千克。经 1
个月的饲养,长到 2~4 厘米、400~600 条/千克,成活率
50%~60%。开始分池养殖。

②水蛭小苗放养 种苗选择活动力较强、体表光滑、
颜色鲜艳、无伤痕的。放养时间为 6 月底至 7 月初,放养
规格为 2~4 厘米、400~600 条/千克,放养密度为 50~60
条/米²。成活率 70%~80%。

(4)**日常管理**

①饲料投喂 水蛭在整个养殖阶段主要摄食螺蛳为
主,日投饲量一般根据水蛭实际体重量的 10%~15%,并

根据水蛭的吸食情况与天气变化、水温、水质等情况灵活掌握投饲量。

5 月底至 6 月初开始放养的幼蛭,3~5 天就自行采食小螺蛳。因此,要事先投放适量螺蛳,让其自然繁殖。

6 月底至 7 月初开始成蛭养殖,饲养周期 120 天左右。一般每周投喂饲料 1 次。如选用螺蛳作为饵料,饵料总供应量每 667 米² 养殖水面为 2 吨左右。根据投喂饵料的总量,集中分布于 7~10 月,随着幼苗的生长逐渐加大饵料的投喂量。具体投喂时可按"四定"原则进行,并记录饲料的来源、投喂时间、投喂量和投喂网箱。定时:定期间隔做好螺蛳投喂工作;定点:投放螺蛳应尽可能向中间投放,避免向网箱两侧投放;定质:螺蛳要新鲜,要有固定的饲料供应源,不能出现多地同时混杂供应的现象;定量:水蛭日食量一般为其体重的 5%~10%,根据水蛭的摄食情况灵活掌握。

②水质、水位、水温调节

A. 水质调控:水质是水蛭生存的主要条件。人工网箱养殖的水蛭密度较大,在饲养过程中需要经常加注新水,一般 7 天加注新水 1 次,每次换水 1/4~1/3 甚至 1/2 以调节水质。平时,特别是在气温较高的季节,必要时应使用水质改良剂及增氧剂调节水质,并注意防止引入化肥、农药及工业污水。7~8 月高温季节,3~4 天加注新水 1 次,要保证进出水口畅通、水质清新和有一定的溶解氧。当水中溶解氧低于 2 毫克/升时,水蛭会浮出水面并出现不安现象。夏季水温高,要十分注意水质,透明度保持 30

厘米左右。

B. 水位调控：日常管理中换注新水时，水位的变幅应控制在10厘米范围内。所以，留好溢水口是保证水位的重要措施，平时，特别是雨季应经常检查溢水口是否被堵塞。干旱缺水时，应及时补水。

C. 水温：水蛭池应每天定时测量水温。一般来说，20~28℃为水蛭生长最佳温度。10℃以下水蛭停止摄食和生长，温度继续降低不再活动，钻入泥土层中处于休眠状态，应提前做好采收后的留种准备工作。夏季酷热，当温度超过32℃时，不利于水蛭生长；长时间超过35℃，易导致死亡。

51. 怎样利用小型容器养殖水蛭？

可利用大水缸、大塑料桶、木桶、泡沫箱等容器少量养殖水蛭，简易灵活、操作方便。养殖容器用高锰酸钾消毒后方可使用。容器中放几片小瓦片及一些水草，再放入水，水不要放满，一般为全容器的80%为宜，盖上遮阳材料。

52. 怎样利用泡沫箱养殖水蛭？

笔者于2014年4月至10月上旬，进行了泡沫箱养殖水蛭试验，21只泡沫箱（规格40厘米×60厘米×30厘米），箱内总底面积为5米^2，总产鲜水蛭10.5千克。现将方法介绍如下。

（1）泡沫箱改装　泡沫箱最好用新的，如用旧的只要不漏水，且四周口无损、有箱盖的也可以。在箱盖中心位置开一个 20 厘米×25 厘的长方形口,以便观察、投料、换水等用。为了防止水蛭从盖口逃跑,在盖口必须设置 1 个特殊的漏斗形防逃网。防逃网的制作方法:取直径 4 毫米的钢筋做一个比盖口略大的方框,用人造纤维布缝成锥形袋,将袋口缝在钢筋框上(图 5-2)。

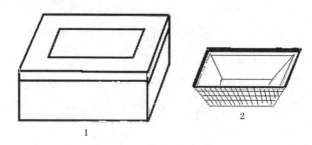

图 5-2 泡沫箱养水蛭设施

1. 泡沫箱 2. 漏斗形防逃网

(2)**养殖用水** 用无污染的河水、井水或水库水均可。

(3)**放苗** 放苗时箱内进水量不能太多,一般达到进箱壁的 1/3~1/2 高度即可。箱养水蛭种苗可放养幼蛭或中蛭,放养幼蛭一般在 5 月下旬,放养中蛭一般在 6 月中下旬。投放幼蛭苗比较难养,初养者可选择投养中蛭。作者试养时放养的是自繁的人工苗,每箱放养幼蛭 200 条,中蛭(青年蛭)放苗量为 80~100 条。

(4)**日常管理工作**

①投饵 主要饵料是水蚤、水蚯蚓、螺蛳、田螺、福寿螺、蚌、河蚬肉及畜禽下脚料等。养殖开始每天投喂水蛭重量 12%~15% 的饵料量,20 天后投喂水蛭重量 10%~

12%的饵料量。投喂 6 厘米长以下的水蛭,螺蛳一定要捣碎,且捣碎前一定要洗清干净,否则易带入病菌,养殖 500 克水蛭需投喂螺蛳 4~5 千克。

②换水 箱内水温在 18℃ 以下时换水量不大,一般每 2 天换水 1 次,换水量为全量的 1/3~1/2;水温在 18℃ 以上时,随着水温的升高要逐渐增加换水量,即从 1/2 提升为 3/4。此外,每 10 天换水 1 次,换水时温差在 ±4℃ 内。

③清除残饵 每次投喂后 3~4 小时,要清除残饵,尤其是盛夏高温季节,防止残饵发酵病原微生物大量繁殖。

④分养 随着水蛭的生长,将规格相当的水蛭分养在不同的箱中,以便管理。

(5)收获 箱养水蛭生长很快,一般 10 月上旬水蛭长到平均每 500 克 40~50 条时即可收获。

53. 怎样进行泥鳅、水蛭混养?

水蛭在水中不是长期在游动,多数时间是爬在池壁或漂浮物上。因此,水蛭在水里所占的空间不多,水蛭池里还有足够的空间供泥鳅活动和栖息。而水池里经常有水蛭吃剩的残饵,泥鳅混养在水蛭池里不必另外投饵,还会清除水蛭池里的大量青苔。混养要注意几点:①放养泥鳅的规格和时间要适当。一般在 6 月中旬,可放养台湾泥鳅苗,规格为体长 1~1.2 厘米;7 月中旬,水蛭已长成青年蛭,个体变大,可放养体长 3 厘米的鳅苗;②以养水蛭为主,搭养少量泥鳅为宜。放养泥鳅规格为 1~1.2 厘米,每平方米放养 3~5 尾;放养规格为 3 厘米左右,每平方放养 2~3 尾。

54. 怎样利用莲藕池混养水蛭？

莲藕性喜向阳温暖环境，在池塘中种植莲藕可以改良池塘底质和水质，为水蛭提供良好的生态环境，有利于水蛭健康的生长。莲藕池水位不高，非常适合水蛭对水体的要求。藕池中混养水蛭主要技术是先种藕，等待藕长到一定程度后，再加深水位，放养水蛭。

(1) 养蛭藕池的条件 要求选择通风向阳，光照好，东西走向为宜，水深适宜，池底平坦，水源充足，水质良好，排灌方便，没有工业废水污染，面积2 000~3 333 米^2，平均水深1.2 米。

(2) 土建工程

①田埂改造 把藕池埂加高、加宽、加固，埂要高出藕池平面0.5~1.0 米，埂面宽1~2 米，夯实堵漏，以提高蓄水量和防止水蛭逃跑。

②进出水口设置 设在藕池两边的对角，进水口比池面略高，出水口比四周围沟略低。进出水口都要安装密眼铁丝网，防止水蛭逃离和敌害进入。

③开挖围沟 沿藕池四周开挖围沟，围沟距池埂内侧1.5 米左右，沟宽1.5 米、深0.5~0.8 米。开挖围沟的目的在于高温、藕池水浅、追肥时为水蛭提供藏身之地，同时也方便投饵、观察水蛭采食和活动情况。

(3) 防逃设施 比较简单，沿藕池四周设置围网。在池内沿堤埂四周用竹竿或木条插入池底做围网柱，每支长1.8 米，每隔1.5 米插1 支，并用7 号铁丝将各桩柱上端连起来。用质量较好的聚乙烯网布做围网，放养幼蛭网目为80目,放养青年蛭网目为60目。围网长度根据所围的池大小而定,网宽度为1.5米,网一端做纲,缚在铁丝上,网壁上端网布留出15厘米折成倒"L"形檐,另一端与池底部呈"L"形埋入泥中30厘米,可有效地防止水蛭的逃逸。围网要略向堤边倾斜,与池底的角度为110~120°,四角处围呈弧形。一般围网要露出水面25~30厘米,以起防逃作用。

（4）莲藕管理

①施肥　种藕前15~20天,在土方工程完成后先翻耕晒池,然后施基肥。施肥量比一般的藕池要少,通常每667米^{2}施有机肥300~400千克、尿素7~15千克、过磷酸钙20~35千克,最后用生石灰消毒,每667米^{2}用生石灰80~100千克。

②藕下种　选择优良种藕,在清明至谷雨前后种下,每667米^{2}下种藕60~150千克。在种藕挖取、运输、下种时要仔细,防损伤,尤其要注意保护顶芽和须根。

③藕池水位调节　在藕池混养水蛭中,水位的调节应以藕为主,最好两者兼顾。莲藕适宜的生长温度为21~25℃,可通过放水深浅来调节温度。7~9月,每15天换水10厘米。

④适时追肥　莲藕生长离不开肥力。因此,适时追肥必不可少。施肥前应将水蛭用猪血块吸引到围沟里躲避。肥料施好后,再将水位复原。

（5）水蛭管理

①水蛭放养　放养量为每667米^{2}放养幼蛭（2月龄

以下的)10 000 条左右;放养 4 月龄以上的,则放养密再稀些。放养亲蛭为主,则每 667 米² 放养 5 000 条左右。

②水蛭投饵　水蛭下池后第 3 天开始投饵。饵料可投在围沟,每天投喂 2 次,上午 7~8 时、下午 4~5 时各1 次。

③巡藕池　这是藕蛭生产最基本的工作之一。通过巡池可以及时发现问题,以便及时采取相应的措施。应坚持每天早、中、晚巡池 3 次。

(6)水蛭收获　水蛭长到一定的大小,要及时捕捞。捕捞时,要选个体大、健壮的留种,一般每 667 米² 留种15~20 千克,选留的蛭种要集中在育种池内越冬。没有及时收获的水蛭,可采取措施在原池土中冬眠。

55. 怎样利用茭白田混养水蛭?

水蛭-茭白混养是利用水蛭与茭白均只需浅水位的共性,在田块中既种茭白又养水蛭。

(1)田块选择　选择水源充足、水质良好、无污染、排灌容易、管理方便、保水性好的沙壤土田块。面积以667~1 334 米² 为宜。

(2)土建工程与防逃设施　同莲藕池混养水蛭。

(3)茭白栽种

①选好茭白种苗　在 9 月中旬至 10 月初,秋茭白采收时进行选种。选择植株健壮、高度中等、茎秆扁平、纯度高的优质茭白株作为种苗。

②施肥　2~3 月份,种茭白前施基肥,每 667 米² 茭白田施腐熟的猪粪、牛粪和绿肥 1 500 千克,钙镁磷肥 20

千克,三元复合肥 30 千克。施后翻入土层内,耙平理细,肥泥整合。

③适时移栽　长江流域于 4 月上、中旬直接分墩种植。与水蛭混养的茭白栽种密度要比常规种植的密度小些。株行距按栽植时期,分墩苗数和采收次数而定,双季茭白采用大小行种植,行距大行 100 厘米,小行 80 厘米,穴距 50~65 厘米,每 667 米² 1 000~1 200 穴,每穴 6~7 棵苗。有的地方也有采用宽行 2 米、窄行 1.6 米,株距 1.2 米,每 667 米² 栽 700 墩左右。

（4）水蛭放养

①水蛭放养时间　在茭白苗移栽前 10 天,对围沟进行消毒处理。常用消毒药是漂白粉,如果采用排干池水干法消毒,每 667 米² 用 8~10 千克;如果采用带池水消毒,则漂白粉用量要加倍,化水全池泼洒,使池水漂白粉浓度达到 80 克/米³。一般池水用漂白粉消毒后 3~4 天药性消失,即可放养水蛭。

②放养密度　放养蛭种为每立方米水体投放种蛭 30~40 条;放养幼蛭为每立方米 100~150 条。

（5）饲养管理

①投饵　方法同莲藕池水蛭混养。

②水质调节　保持清新的水质,不受污染,进出口保持有微流水。水温控制在 20~30℃,夏季高温要保持水位,增大水流量。

③病虫害防治　茭白田四周的农作物不可使用剧毒的有机磷和有机氯农药。

（6）**起捕** 水蛭起捕一般在冬眠前进行，先排干田水，然后用网捞取。

56. 怎样利用稻田混养水蛭?

稻田养殖水蛭是将水稻种植与水蛭养殖有机结合在同一生态环境（稻田浅水环境）中的一种立体种植模式。稻田养水蛭成本低，收效快，经济效益高，适合分散经营。

（1）**稻田的选择** 选择水质较好、保水力强、排灌方便、日照充足、温暖通风、交通便捷的单季晚稻田。面积宜大不宜小，最大不超过 10 000 米²，土质以黏性土壤、保水力强、肥力较高的田块为佳，而矿质土壤、盐碱土以及渗水漏水、土质瘠薄的稻田均不宜混养水蛭。

（2）**稻田的修整**

①加高、加宽、加固田埂 为了提高并保持一定的水位，防止田埂渗漏，有利于混养水蛭，必须加高、加宽、加固田埂。此项工作一般结合冬季农田整治进行。一般要求田埂加高达 1~1.2 米、埂顶加宽到 0.8~1.0 米。田埂施工中每加一层泥土，都要夯实，做到不裂、不漏，经久耐用，增强防洪、抗旱能力，保证满水养蛭时不倒塌。

②开挖田间沟和环沟 根据混养水蛭的要求，稻田四周开挖环形沟，养殖面积较大的稻田，在稻田中央，根据混养稻田的大小，还需开挖"田"字形或"川"字形或"井"字形的田间沟。环形沟距田间 1.5 米左右，环形沟上口宽 3 米，下口宽 0.8 米;田间沟宽 1.5 米，深 0.5~0.8 米，坡比 1:2.5。开挖环形沟的目的是增加水深，防高温;开挖田间沟的目的是既可防止水田干涸，又为水蛭提

供在烤稻田、施肥、喷农药时的退避场所,在夏季高温时可作为水蛭栖息隐蔽遮阳的场所。沟的总面积占稻田面积的 5%~10%。

③防逃设施 稻田中混养水蛭,要取得丰收,田埂上建设防逃设施是很有必要。具体方法参见莲藕池混养水蛭。

(3)水蛭放养前准备

①清沟消毒 在水蛭放养前 10~15 天,对环沟和田间沟进行清理消毒,消毒浓度为每 667 米^2 环沟和田间沟用生石灰 10~15 千克,杀灭田鼠、水蛇等敌害生物及寄生虫和致病菌等。

②营造水蛭的生存环境 在沟里种植聚草、苦草、水花生、空心菜、轮叶黑藻、金鱼藻等沉水性水生植物;在水面上移栽芜萍、紫背浮萍、凤眼莲、水葫芦等漂浮水生植物。水草面积占沟面积的 10%~20%,水草不要聚集在一起,以零星分布为宜,有利于沟内水流畅通。此外,在离田埂 1 米处,搭毛竹架,田埂边种植瓜、豆、葫芦等,待藤蔓上架时正值炎热夏天,可起到遮阴避暑的作用。

③培养水质 在放水蛭种苗前 10 天左右,往田间沟中注水 50~80 厘水深,然后施干鸡粪、猪粪等有机肥,每 667 米^2 施 500 千克,一次施足,使水质保持肥、活、嫩、爽、清。

(4)水稻栽培

①水稻品种选择 要选择适合本地区种植的优质高产、高抗品种,要求叶片开张角度小,属于抗病虫害、抗倒

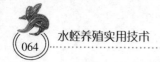

伏且耐肥性强的紧穗型品种。

②整田要求　先施肥后整田,用机械干耕,接着进水耙田,再带水整平。

③施肥　根据稻田的肥力针对性施肥,既不能施多,又不能施少。一般肥力的稻田,每 667 米² 施腐熟的厩肥 3 000 千克,同时施氮肥 8 千克、磷肥 6 千克、钾肥 8 千克,几种肥料先均匀撒在田面后,再用机械翻耕耙匀。

④水稻插秧　养殖水蛭稻田应提早 10 天左右进行插秧。每 667 米² 移栽 1.5 万~2 万穴,株行距为 13.3 厘米×30 厘米。

(5)水蛭放养

①放养密度　放养不同规格,采用不同的放养密度。蛭种:每 667 米² 放养 5 000 条,放养后的第一年,大部分蛭种(亲蛭)会繁殖,待其繁殖后捞出加工。繁殖的幼蛭留到翌年长大后再进行捕捞。幼蛭:2 月龄以下的幼蛭,每 667 米² 放养 10 000 条;2~4 月龄的,每 667 米² 放养 8 000 条;4 月龄以上的,每 667 米² 放养 5 000 条。

②放养注意事项　其一,放养时一般要选择晴天早晨或傍晚,也可在阴雨天放养。其二,放养时要沿田间沟四周多点投放,最好将水蛭放在盆里,盆略倾斜,让水蛭慢慢地爬到田间沟水里。其三,同一田块放养规格要尽可能整齐,且一次放足。

(6)水位调节

①放养初期　在水蛭放养初期,田水宜浅,保持 10 厘米左右。

②放养中期　随着水蛭与水稻的生长,需要大量的水,可将田水逐渐加深至 20~25 厘米。在水稻有效分蘖期采取浅灌,保证水稻的正常生长;在水稻无效分蘖期,水深可调节到 20 厘米,正好符合两者的需要。

③保持田水清新　防止田沟中水质的变化,通常每 3~5 天加注新水 1 次。盛夏季节,每 1~2 天加注新水 1 次,以保持田水的清新。

(7) 投饵

①培养适口的活体饵　通过施足基肥,适时追肥,培养大量的枝角类、桡足类以及底栖生物,以提供水蛭直接饵料和间接饵料。

②放养螺蛳　3 月份放养螺蛳,每 667 米² 稻田投放 100~150 千克。

③移植水草　移栽足够的水草,满足水蛭对植物性的天然饲料的需要。

④投喂人工饲料　投喂饵料的品种主要是小杂鱼、敲碎的螺蛳肉、河蚌肉、蚯蚓、动物内脏、屠宰场的下脚料、蚕蛹,可同时配喂些玉米、小麦、大麦、大麦粉、豆类、新鲜蔬菜、瓜果等,还可投喂适量的水生植物,如水葫芦、水芜萍、水浮萍等。

(8) 施肥与施药　在放养前稻田要施足肥料,在插秧前一次施入耕作层内。水蛭放养后一般不施追肥,防止毒害水蛭,影响水蛭的正常生长。如情况特殊要施肥,可用新鲜猪血引诱水蛭集中到沟中后再施肥。

稻田养蛭尽量不用农药,非用不可时应坚持以下几个原则：①选择高效、低毒、低残留农药或无毒农药；②水蛭引入沟后，再用药；③采用划片用药的方法，即先施稻田一半，过几天再施剩余的一半。避免农药直接落入水中，保证水蛭的安全。

(9)科学晒田　稻田养蛭，水蛭需水与稻田需水的变化矛盾突出，主要表现在水蛭要求稻田水量多，水层保水时间长，则水蛭生长好，但对水稻生长却不利。水稻生长需水变化大，在禾苗分蘖时对水的要求是自然落干晒田，这时水位很浅，对水蛭养殖不利。要做到晒田不伤蛭，必须在晒田前将田间沟清理好，以防水流不畅，田水更不能排干，沟内要保持水深20厘米左右，晒田时间尽量要短，田晒好后及时恢复原水位。

(10)加强日常管理　主要是做到勤巡田、勤检查、勤分析、勤记录。

①勤巡田　检查水色和水蛭的活动、摄食、生长情况。

②勤检查　检查堤埂是否塌漏或塌陷、防逃设施是否损坏；检查田间沟、小池塘情况；检查水源水质变化，防止污水入田；检查田间沟内水生植物数量变化等。

③勤分析、勤记录　在巡塘检查时发现问题，要仔细分析，以便及时采取措施。最后要做好养殖田块的档案记录。

第六章

水蛭的饲养管理

57. 水蛭养殖如何做好防逃?

水蛭逃逸能力较强。体长 2 厘米的幼蛭养在长方形玻璃缸或 10 装塑料油瓶里,一个晚上能逃离至少 5 米;养殖在池里的体长 3 厘米以上的青年蛭,如果没有安全的防逃设施,一个晚上会跑光。特别在下雨、天气闷热或水环境不良时,水蛭最易外逃。因此,养殖水蛭对防逃工作要足够重视。不同的养殖模式要采用不同的防逃方法。采用池养的要在池的四周设一个反口檐,用 80 目网把上边口向反口的方向拉住,围网下缘埋入泥土 30~40 厘米,下边 10 厘米折成 45°。为了防止因下雨水漫池而使水蛭逃跑,可以开设一个溢水口,溢水口也用双层密网过滤防逃。在池塘四周设置防逃沟,防逃沟宽 12 厘米,高 8 厘米,下雨时在沟内撒入生石灰,防止水蛭因水流而逃走。水泥池养殖的池壁顶部用砖横砌成防逃檐,池壁也不要太光滑。池塘养殖模式的在四周用 80 目网围住,网外再留一圈水沟。网一定要坚实牢固,不易被老鼠等天敌咬破。进排水口要安装防逃网,设置要科学,既能排水,又不使水蛭将防逃网眼堵塞而致水蛭死亡。一般将排水口防逃网做成锥形以增大排水流量,使用时将锥形网底反扣在池内。也可用一条长 30~40 厘米的钢丝弹簧套在出水管上,弹簧外套上过滤网袋。

58. 为什么要对养水蛭池进行消毒?

池塘是水蛭的生活场所,池塘环境条件的好坏直接影响到水蛭的生长。使用一年或几年的养殖池塘,大量有机物如残料剩渣、粪便、污物沉积在池底,腐烂发酵分解,使池塘耗氧量增加,同时产生氨、甲烷和硫化氢等有毒气体,从而恶化水质,各种有害的寄生虫、病原体、野杂鱼等在池中孳生繁殖,直接影响水蛭的养殖生产。总之,为了保证水蛭能健康成长,降低水蛭发病率,在放养水蛭之前,要对水蛭养殖池进行消毒处理。

59. 常用的消毒药物有哪些?

常用的消毒药物有生石灰、漂白粉、强氯精、百毒净、茶籽饼、臭药水、来苏儿、新洁尔灭、过氧乙酸、甲醛、复合碘、消毒威、硫酸铜、高锰酸钾等。

60. 怎样对水蛭池进行清池消毒操作?

养殖水蛭的池子无论是旧泥池塘、水泥池,还是新池塘或其他池,都要用生石灰或漂白粉进行全塘、全池清理消毒。操作方法如下:

（1）**清淤晒池**　在一个养殖周期结束后，把池水排干，让太阳晒至塘底龟裂。干池后的池底至少要曝晒半个月以上，以促进池底有机物的分解。用机械或人工清除池底过多的淤泥，尤其是那些黑色的泥，同时修复好埂，堵塞渗漏洞，清除池中杂物，对放在池内的栖息物，如砖头、石块、瓦片、毛竹等，要重新整理，创造一个良好的池塘养殖环境。

（2）**药物消毒**　消毒药物很多，常用消毒药物有生石灰、漂白粉和茶籽饼等。根据作者的经验以生石灰消毒效果最好。生石灰遇水后生成强碱性氢氧化钙，在短期内可使池水 pH 值急剧上升到 11 以上，同时放出大量热量，从而迅速杀灭野杂鱼蟹、藻类、细菌、病原体等，使水呈弱碱性，有利于浮游生物的繁殖。

消毒方法有干法和带水消毒两种。干法消毒：池底只留 10~15 厘米深的水，将多余水排去，池底周围挖一些小坑，将生石灰倒入坑内加水化成浆液，趁热全池均匀泼洒。每 667 米² 生石灰用量为 80~100 千克，或漂白粉用量为 8~10 千克，如果池底淤泥较多，生石灰或漂白粉用量可适当增加，消毒后第二天再用耙将底泥搅拌一下，使表层的石灰水与底泥混合，让生石灰充分发挥药效。带水消毒：池水深 1 米，每 667 米² 用生石灰 150 千克或漂白粉 15~20 千克，用投料船把生石灰或漂白粉加水化成浆液，全池均匀泼洒。

生石灰消毒药性消退时间一般为 8~10 天，漂白粉为 3~5 天。在放蛭苗前需试水，以防药性未过，造成损失。

61. 水蛭养殖中调节水温常用的措施有哪些?

(1)培植绿色植物 绿色植物是缓冲调节水温的有效手段,所以养殖池内外必须保持一定植被覆盖面积,不应低于40%~50%。可种植水葫芦等水草。

(2)调节水深 底层水温比较稳定。炎热夏季,池水达到一定深度后,水蛭即可选择到最适宜的水温层。

(3)布设遮阳物 可搭盖凉棚或遮阳网。

(4)自流调控水温 有条件的地区可实现微流水的自流灌溉,流动水水温一般会偏高。需要注意的是,所换水和原有的水温差不宜过大。为保证水中溶氧及调适温度,可以通过换水或设置缓冲贮水池来达到目的。

62. 水蛭塘有少量水蛭死亡是正常现象吗?

池塘有少量水蛭死亡属于正常情况,应及时打捞出死亡水蛭,避免引起水质恶化。如大面积死亡,则应立即排干池水做提前采收处理,或封闭该池塘,避免引起其他池塘的连锁反应。

63. 水蛭养殖池中的青苔有哪些危害? 可采取哪些治理措施?

(1)青苔的危害 青苔是水体中藻类过度繁殖的产物,其主要种类有绿藻中的水绵、水网藻以及蓝藻中的微囊藻、囊球藻等。在水蛭养殖中,特别是富营养化水体及高密度养殖情况下,青苔是危害较为严重的一种敌害生物。其危害主要有：

①青苔大量繁殖吸收了水体中的营养物质，水质变得清瘦；青苔附着在幼体体表，影响其生长。

②青苔死亡分解后产生大量的硫化氢和羟胺等有害物质，使水质变差，氨态氮超标，溶解氧偏低，影响水蛭生长甚至诱发疾病。

③大量青苔浮于水面严重影响浮游生物对光的吸收，使养殖池塘中浮游生物减少；同时，阻碍水温的提高和氧气的溶解。

有效控制青苔的繁殖生长，对取得水蛭养殖成功是十分重要的。

（2）青苔的治理措施

①适时添加新水　向池中注入新鲜水，不仅可给池水带入某些营养元素，稀释有机物及有毒物质浓度，而且还能够增加池水的溶解氧。

②适时、适量施肥　根据不同藻类在不同季节、温度、光照等条件下繁殖生长的特点，适时、适量施肥。如在春季养殖初期，温度在 10～15℃，适宜硅藻繁殖，此时应开始施肥，并以少量多次为原则，适量施用营养盐及无机肥、有机肥，提早培养一定密度的硅藻，以达到理想的透明度，为养殖池内的生物提供优质的天然饵料，促进其快速生长。

③抑制青苔繁殖生长　利用硅藻喜欢弱光、在低温繁殖较快，青苔喜欢强光、在相对较高的温度繁殖较快的特点，通过控制温度的高低和光照的强度来有效抑制青

苔的繁殖生长。

④投放有益生物制剂 即向养殖池内投放能够抑制青苔的有益菌来净化水质。如复合芽胞杆菌、光合细菌、EM菌等,这些有益菌可在池水中与致病菌和有害藻类产生竞争,抑制青苔和致病菌在水中繁殖和生长。如果养殖池塘所需的藻类繁殖不起来,应考虑重新接种,及时引进藻类繁殖比较好的池水,使池内藻类快速繁殖起来。

⑤及时采取灭杀措施 当发现池塘青苔繁殖过多和过快时,要及时采用灭杀措施。目前的有效方法是用清苔净全池灭杀。

64. 为什么要在水蛭养殖池中栽植水草?

在蛭池中栽种、移植一些水生植物,如浮水植物水葫芦、挺水植物水花生等;池底种植、移植一些水草,不但可增加水中含氧量,同时还起到净化水质的作用。种植、移植的水草必须经过严格的消毒处理,以防敌害生物及野杂鱼卵带进池。消毒药物可用漂白粉、生石灰等。

65. 如何管理水蛭养殖池的水质?

水蛭对水质要求不高,在污水中也能生长,但是在高密度人工养殖环境下,水质管理显得十分重要。水质管理可通过水质调控、水位调控、水温调节来实现。

(1)水质调控 在养蛭池中,从池外河流、河沟、水库等引进的水会带进鱼类、甲壳类、各种原生物、有害细菌及病毒。所以,在放养水蛭苗之前,就必须将池塘中的那些有害生物消灭。放入水蛭苗以后,经过一段时间的养殖,水蛭的排泄物、饵料残渣会逐渐积蓄,使池塘底质恶化,导致细菌和病毒滋生;在养殖过程中添换水又会重新带入细菌、病毒。因此,在养殖期间必须进行水质调控。水质调控的方法:坚持每周换水 1 次,每次换水量为 1/3,先将下面的脏物排除,然后加入等量的新水。定期泼洒漂白粉溶液,使池水终浓度达到每立方米水体 1 克。养殖中、后期单靠换水难以获得理想的效果,则可通过泼洒生物制剂,如光合细菌、芽胞杆菌、硝化细菌等,达到净化和改善水质的目的。必须注意生物制剂切忌与杀菌消毒药物同时使用,以免减效或失效。若一定要用消毒药,必须在消毒药使用后的 3~4 天,待药效消失后才能施用活菌制剂。池水色以黄褐色、淡绿色较好。如有条件最好能保持微流水,隔 1 个月补充 1 次新水,使池水保持 30~50 厘米的透明度。水蛭最易得细菌性传染病,在高温季节可定期使用青霉素预防,用量为每立方米水体泼洒 0.3克,并保持 10 天不换水。

　　(2)水位调控　　水位要恒定,不可忽高忽低。尤其是水蛭在繁殖阶段,水位的高低对产卵台土层的湿度影响很大。水位过高,土壤的湿度过大,不利于卵茧的孵化;水位过低,产卵台上土壤湿度过低,土壤会逐渐干燥变硬,不利于水蛭钻入泥中栖息和产卵。在日常管理中要每天检查水位线的高低,及时控制好水位。多雨季节要防止水位过高,及时排水;少雨干旱季节要防止水位下降,及时补水。

　　(3)水温调节　　水蛭能够生长的温度为 15~35℃;适

宜生长发育的水温为 20~30℃;最适宜生长发育的水温为 28℃。这时水蛭摄食旺盛,生长最快。当水温超过 30℃时,水蛭生长不适,应及时加注新水降温。水温超过 35℃,水蛭就停止摄食,甚至死亡。有条件的可搭建大棚提高水温,覆盖遮阳网降低水温;有的养殖户采用池边种南瓜、丝瓜、扁豆等植物,池上搭架,以遮阳降温。秋季及时撤除,以利于增加光照升温,延长摄食生长时间。在水蛭全年养殖中要防止春秋季节早晚池水温度下降;夏季中午池水温度尽量不超过 30℃。

66. 水蛭什么时候放养合适? 合理的放养密度为多少?

(1) **水蛭放养时间** 幼蛭孵出后转移到幼蛭精养池中饲养 1 个月左右,然后再移至育成池塘中养殖。对一般养殖户来说,幼蛭宜在孵出 1 个月后放养。放养时应先投放少量幼蛭试水,观察 1~2 天后,如水质符合放养要求,再逐渐投放。放养时注意池水与盛苗水的温差不大于 3℃,否则易患"感冒病"。选择晴天上午 7~9 时或下午 5~7 时放养。

(2) **放养规格和密度** 水蛭养殖放养密度与养殖环境、设施、饵料等条件,以及管理水平有密切相关。条件好,管理能力强,可以适当提高放养密度,多放些苗;反之,条件差,初养水蛭者放养密度可略低些。在此以宽体金线蛭为例,说明每立方米水体放养量:1 月龄以下,可放养 1 300 条左右;2 月龄以下,可放养 800 条左右;2~4 月龄,可放养600条左右;4月龄以上,可放养300条左右;成水蛭与幼水蛭混养时,每立方米放养400条左右。医蛭的放养密度约为宽体金线蛭医的2倍。如果是初养水蛭者,则放养密度可低些,幼蛭体长在2厘米左右,每667米^2(平均水深80厘米)可放养幼蛭12 000~15 000条。

67. 水蛭放养入池前为什么要消毒?怎样对蛭体进行消毒?

(1)**水蛭消毒的目的** 种蛭(亲蛭)或幼蛭在投入池前必须进行蛭体消毒,即将水蛭集中在较小的容器或水体内,用较高浓度药液短时间内浸洗蛭体,以杀灭水蛭体表上的病原体,防止疾病的传染和发生,减少水蛭的发病率,提高成活率。

(2)**蛭体消毒操作** 在容器内放入水,按剂量要求放入消毒药,待药物充分溶解后搅匀,测出水温,然后将水蛭放入药液中,消毒一定时间后立刻移出水蛭移入养殖池(表6-1)。水蛭药浴要注意以下几点:①水蛭对药物敏感性较强,要严格控制药物浓度和药浴时间。幼蛭可用食盐进行消毒。②在整个浸洗过程中应观察水蛭活动情况,如发现水蛭异常,应立即将水蛭捞出。③在不同水温浸泡的时间不尽相同。水温高,时间短;水温低,时间长。④浸洗的地点最好在池边,或离池边不远的地方,以方便转移。

表6-1　蛭体浸洗消毒常用药物

药物名称	配制浓度	使用方法	水温（℃）	浸洗时间（分钟）
食　盐	1%~5%	浸洗	15~25	3~5
漂白粉	10毫克/千克	浸洗	15~25	5~10
高锰酸钾	0.1%	浸洗	15~25	10~15
复合碘	2~3毫克/千克	浸洗	15~25	5~10
新洁尔灭	3~4毫克/千克	浸洗	15~25	5~10
敌百虫(90%晶体)	10~15毫克/千克	浸洗	10~15	20~30
强氯精	2~3毫克/千克	浸洗	15~25	5~10

68. 水蛭养殖的日常管理工作有哪些?

(1)清理杂物

①清理青苔与干枯杂草　使用粒状的池底消毒剂"养帮"，按1.0~1.2毫克/升的浓度撒施，青苔多的地方可多撒些，当粒状消毒剂沉降到池底后，慢慢溶解而发挥药效，使青苔的基部枯死腐烂，约24小时后，成团的青苔将漂浮于水面，此时可用人力将它清除。

②清理螺蚌等的空壳　水蛭采食螺蛳后，往往在螺蛳顶部留下一些螺肉，几天后腐烂，如果不将螺壳清除会污染水质。

③清理对水蛭有毒有害的物品　保证养蛭环境安全。

(2)巡池检查

①检查防逃　防逃是养殖水蛭的重要工作之一。一是要加强进排水口的管理，防止水蛭从进排水口外逃；二

是在汛期要日夜巡查,防止水位过高,水蛭从拦网顶部外逃;三是发现防逃设施损坏要及时修复,不得拖延。

②检查池内水色变化 发现水色异常,要及时采取措施,改善水质。

③检查水蛭池内动态 发现水蛭活动不正常,要及时捞上暂养观察,活动正常时再放回原池。发现疾病要立刻诊治。发现死蛭要及时清除。

(3)做好管理记录 以便出现问题时查找原因总结经验。

69. 新引进水蛭为什么先要隔离饲养?

为了防止新引进的水蛭疾病的传染与扩散,新引进的水蛭不能直接与早放养的水蛭混养在一起,必须经消毒后放养到专池中隔离饲养。如果是首次引进,可把繁殖池作为隔离池;如果是中途引进,无论是新购进还是从野外采集的种源,都要放入单独的饲养池中暂养。一般蛭种暂养密度为每平方米投放 2~3 千克,经过 3~5 天的观察,若无死亡、无厌食,游动活泼,排出的粪便正常,健康状况好,确无病态现象,便可移入饲养池或与早放养的水蛭混养在一起。

70. 为什么要对大小水蛭进行分级饲养?

当幼蛭长到一定规格时,应及时分离,采取分池、分级养殖,一般可分为大水蛭池(种蛭池)、中水蛭池、小水蛭池。这样做的好处是:一是可以提高成活率,由于水蛭大小混养,个体间争食,小水蛭往往争不到饵料而长势缓慢,甚至为相互争夺食物,导致水蛭间相互残杀;或因养殖密度过大,投饵不足,水中氧气缺乏等,导致死亡。二是提高了饵料利用率,可以针对性投饵,大水蛭池投喂大螺蛳,小水蛭池投喂小螺蛳等食物。三是便于分档管理,使水蛭迅速生长。所以,在养殖过程中应定期对大小水蛭进行分级饲养。

一般在 7 月份可考虑分池养殖,即将大、中、小水蛭分离。分离方法:种蛭池设在中水蛭池与小水蛭池中间,池壁安装 2 道过滤网,其中一道用来过滤小水蛭,另一道用来过滤中水蛭,过滤小水蛭的网目比过滤中水蛭的更细。

71. 幼蛭的精养池应做哪些准备工作?

由于卵茧中刚刚孵出的幼蛭身体软弱,发育不全,对外界环境的适应能力差,抵抗病害能力弱,直接放养于大池成活率很低。因此,幼蛭必须经过精养池暂养才能获得较高成活率。精养池主要准备工作如下:

（1）清池 清池方法前文已有叙述,本题以水泥池为例,新建水泥池要经脱碱方法处理后,在幼蛭放养前 15 天左右,池中注水 10 厘米深左右,每平方米用 15 克漂白粉全池泼洒消毒,消毒 5 天左右,然后排干池水,再用清水冲洗数次,彻底清除漂白粉余液。

（2）培养活体饵料 清池后,将已经发酵好的农家肥按每平方米 0.3 千克,分点堆放在池底,再在其上面用泥土覆盖 20 厘米厚,最后进经 80 目过滤网的新水 25~30 厘米深,以培养水蚤、技角类、草履虫等浮游微生物。

（3）**水温与水深**　放幼蛭前水温要保持在 20~25℃，过高或过低都不利于幼蛭的生长。水不易进太深，以 40 厘米左右为宜。

（4）**安装围网**　土池精养池周围要安装 80 目以上的围网，防止幼蛭逃跑。

（5）**安装增氧机**　幼蛭精养池放养密度比一般池要高，安装增氧机是为了防止精养池缺氧。

（6）**池中适时放水草**　刚入池的幼蛭正在摄食开口饲料，水中不要急于放水草，待幼蛭入池后 6 天左右，开口饲料投喂结束，再在精养池中放适量的水浮莲或水葫芦供幼蛭遮阳或休息。

72. 怎样管理幼蛭?

为了有针对性地管理水蛭，根据其各生长发育期的生活要求，将水蛭分为幼蛭、青年蛭、种蛭 3 个年龄段。幼蛭又称蛭苗或幼苗。幼蛭精养 1 个月后，成活率可达80%左右。

（1）**选苗**　要选择合格的好苗暂养。要求无伤、无病、健壮、体表光滑。蛭苗放养前，应用 0.1%高锰酸钾溶液消毒 5 分钟后入池。

（2）**试水**　在大批量投放幼蛭苗前，要先放养少量试养 1~2 天，如幼蛭无不良反应，再大批投放于精养池。同一池的蛭苗孵化时间最好不要相差 3 天以上。

（3）**放苗**　刚孵出的幼蛭苗先在塑料泡沫箱内放置几天，第三天上午 8:30~9:00 或下午 5:30~6:00 放苗，此时最低水温在 20℃左右，过高或过低都会对幼蛭生长不利。放苗时注意温差,如果过大,应调节水温后再入池。

(4)投喂　在精养的过程中,饵料投喂要遵守"四定"原则。要注意投喂的饵料营养和适口性。因为幼蛭孵出后2~3天主要靠卵黄维持生命,3天后开口摄食。刚孵出的幼蛭主要吸食河蚬、螺蛳的体液,但不能投活的螺蛳,否则水蛭易被螺蛳厣夹击而死。幼水蛭的消化器官性能较差,其饵料要求既适口又有营养,以投喂水蚤、小血块、切碎的蚯蚓、煮熟的鸡蛋黄等效果较好。此外,投喂要少量多餐。勤换水,使幼水蛭能生活在富含溶解氧的水体中。管理好的话,幼蛭生长迅速,半个月后,平均增长可达到1.5厘米以上。

(5)适时投放水草　在幼蛭开口期间暂时不放水草,在开口饵料投喂结束后,才可以在精养池中放置适量的水草,如水浮葫或浮莲,以供幼蛭休息。

(6)防逃　保持池边干燥,阴雨天气避免池边流水,防止幼蛭往上爬。可采取池边覆盖塑料薄膜的方法,以防止池边被雨淋湿,或在池上方盖上一张60目以上的防逃网。

(7)水质管理　幼蛭喜欢新鲜水源,更喜欢微流水。所以幼蛭期间要每天早晨8:00~9:00加水或换水3~5厘米,并保持进水有一定的微流。排水口防逃网网目要合适,既防逃,又能使水流畅。为了使排水流畅,防逃筛绢网布不可盖住出水口,而采用直径与出水口一样大小的弹簧套在出水管口,弹簧尽可能长些,弹簧越长流量越大,弹簧外面套上合适网目的筛绢网。要及时清除残饵,防止腐败,恶化水质。

（8）**清除敌害** 严防敌害生物的入侵,防止水蜈蚣等在池内的繁殖、生长。

73. 幼蛭常见的死亡原因有哪些?

（1）**培育池条件差** 池水太深、淤泥又厚,水温回升慢,幼蛭极易形成僵苗甚至沉底死亡。采取对策:幼蛭培育池面积不要太大,底泥不要太厚,以 20 厘米以下为宜,放养时水深控制在 30~40 厘米。

（2）**池塘残留毒性大** 清池后残留药毒性未完全消失;施用过量没有腐熟或没有完全腐熟的有机肥,导致底层水有毒或缺氧,造成入池的幼蛭死亡。采取对策:严格试水,如试水幼蛭在 1 天内无异常反应,则水质安全,可放幼蛭。

（3）**缺乏适口饵料** 忽视基础饵料的培养或施肥与幼蛭下塘的时间衔接不当,幼蛭下池后吃不到饵料而饿死。采取对策:彻底清塘,杀灭敌害生物,在幼蛭下塘前 1 周,根据底泥肥瘦、肥料种类、水温等情况确定正确的施肥量。采集活饵料,如轮虫、水蚯蚓、水蚤、枝角类等投入池中投喂水蛭。如量不足,也可投喂在袋中搓细的熟鸡蛋黄、豆奶粉或豆浆等代替。

（4）**敌害生物侵入** 由于没有清池或清池不彻底,或清池消毒药物失效,进水时没有设置过滤网或网目过大,混进了鱼卵、蛙卵、鱼苗等敌害生物。它们与幼蛭争食争氧甚至残食幼蛭。采取对策:彻底清塘,正确使用消毒药物,保证药物质量,进水要用 80 目筛绢网袋过滤后入池,

以防敌害生物进入。

（5）**水温突变引起死亡**　春季气温变化大,若遇倒春寒,如不采取措施,很容易引起幼蛭死亡。采取对策:加设保温设施,如采用池上面覆盖塑料薄膜,尤其是晚上一定要盖上。

（6）**幼蛭质量差**　如果上面提到的原因均排除,那么就要考虑幼蛭质量。造成幼蛭质量差的原因有二:其一,卵茧孵化条件差、孵化用具不清洁,故产出的幼蛭带有较多的病原体或受到重金属的污染,放养后成活率低。其二,孵出的幼蛭运输不当,致使体质下降,下池后沉底,成活率低。采取对策:孵化操作要规范化,孵化用具要严格消毒后使用;蛭苗要尽量自己繁殖或选择质量好、运输时间少、路程短的苗场购买。

74. 怎样管理青年水蛭?

转入青年蛭饲养池后的幼蛭即进入了商品蛭管理阶段。青年水蛭一般是 3~4 月龄的水蛭,正是迅速生长期,体重和体长变化尤为明显,生殖器官也进入了发育阶段。对于养殖商品水蛭生产来说,抓好这一阶段可以取得事半功倍的效果。因此,这阶段的管理工作特别重要。主要抓好以下三方面的工作:

（1）**养殖池准备**

①清池消毒　幼蛭转池前 15 天左右进行准备。主要工作是常规清池、消毒,进过滤新水 20~30 厘米。

②培养水质　池水让太阳暴晒几天,使水变肥,以有利于培养浮游生物饵料。在投放经过幼蛭精养后的幼蛭

(育成蛭)前2~3天,把水位提高80~100厘米。

③移植水草　根据池塘面积、放养水蛭数量移植水浮莲或浮萍(占池水面积的1/3),使水蛭有足够的栖息和隐蔽场所。

(2)**挑选**　转池幼蛭要经过严格的挑选,并要经过浸泡消毒。

(3)**试水**　全部转池前,要先放入几条幼水蛭试养1~2天,如果表现正常,再转入全部已经过精养的幼蛭。

(4)**放养密度**　转池时幼蛭的密度控制在每平方米放养1 000~1 500条。放养密度可根据池塘条件而定,如池塘面积大、底质较好、水深适中、排注水方便,密度可放大些;反之,密度可小些。随着水蛭月龄的增长,以及根据水蛭淘汰的情况,随时调整密度,5月龄以上每立方米水体300条左右。

(5)**投喂**　青年蛭最适宜的饵料是螺蛳、田螺、河蚬、福寿螺。根据每天采食的情况灵活掌握投喂量。水蛭的食量是自身体重的5%,因此,投喂量为每千克水蛭每天投50~100克活螺蛳(包括田螺、河蚬、福寿螺)。大水蛭投大螺,小水蛭投小螺,保证都能吃到饵料。这个阶段水蛭食量最大,个体增长迅速,所以每半个月左右捞1次螺蛳壳。一般投喂3~4小时后检查空壳的比例,如果空壳的比例占50%左右,就应再投一些,以防饵料不足。清除螺壳时,发现壳内躲藏有水蛭,要用镊子夹出放回原池内。

（6）水质管理

①保持适当水位　水浅易使水质恶化，水深一般要保持80~100厘米。原则是高温深水位、低温浅水位。

②适量补水　每天上午8:00~9:00补水或换水3~5厘米。如有条件池中保持一定的微流量。

③及时清除残饵　每次投饵后3~4小时后要清除残饵。在高温时节，为防止残饵发酵使病原微生物大量繁殖，可全池泼洒漂白粉，每月用1~2次，每667米²池面用1~2千克。饵料台每隔7~10天消毒1次。

（7）及时分养　随着水蛭的生长，及时分级，将规格相当的水蛭分养在不同的池中，或将符合加工规格的水蛭捞上加工成商品。

（8）防病害与天敌　水蛭的耐污染和抗药性都很差。因此，要求养蛭池周围最好不使用化学农药杀虫，生活污水或有机废水不渗入或排入养蛭池内。定期全池泼洒二氧化氯稀释液，浓度每立方米池水1克，或泼洒EM菌进行水体消毒。及时清理池内杂物。池上空设防护网，防止鸟类捕食。

（9）适时采收与选种　水蛭经过5个月左右的养殖，即可以收获。选择个体大、生长健壮的留种，池塘养殖的，每667米²养殖面积留种20千克左右。选留的蛭种集中放到越冬蛭种繁殖池内养殖，其余洗净加工为商品。

75. 水蛭繁殖期的日常管理工作有哪些?

（1）巡池检查　巡池是水蛭繁殖期的主要管理工作之一。水蛭交尾的时间大多在清晨，一旦水蛭受到惊扰，正在交尾的水蛭就会迅速中止而离开,导致受精失败。因此,早晨巡池要尽量不要发出大的响声,更不要去拨动池水。在水蛭繁殖期间,禁止搅动水蛭,以防伤害孕蛭。水蛭产卵的季节也应保持安静。

(2)**调节温度** 繁殖期水温最好控制在25℃左右,高于30℃以上时,应采取遮阳降温措施;低于15℃以下时,应用塑料薄膜覆盖保温。在控制水温的同时也要控制好水位。

(3)**调节湿度** 水蛭产卵场、孵化场的空气相对湿度应保持在70%左右。

(4)**换水** 养蛭池要勤换水或保持微流水,以保持池水清新,溶氧充足,透明度为30~50厘米。

(5)**投饵** 繁殖期间水蛭消耗能量大,因此饵料要精良优质,富含营养。以投喂蚯蚓、螺类、动物血块为主。

(6)**防病** 每7~10天,水体用食盐(终浓度2‰)或漂白粉(终浓度0.8~2克/米^3)消毒,发现病蛭立即隔离治疗,以免传染。

(7)**做好管理记录** 将繁殖期的一些主要管理项目都要做详细记录。如水温、湿度、水质好坏、繁殖情况、换水量等做详细记录,以便以后总结时备查,提高养殖水平。

76. 怎样管理种蛭?

青年蛭养到冬天来临前可以分养,将规格相当的水蛭分养在不同的池中;将符合规格的水蛭捞上加工为商品或者挑出作为蛭种。在人工养殖条件下,一般历时

14～19 个月的生长发育,有些个体开始性成熟,大批水蛭性成熟时间一般在 24 个月以后,发育成熟的个体在清明后的 1 个月内和秋季的 8～9 月份产卵。要产卵的水蛭会从深水区游向浅水区,钻进养殖池边的湿土(繁殖台)中产卵茧。管理得好的个体繁殖率高。

(1)**保持池边土壤湿润**　水蛭在繁殖期间,池塘水位始终要保持让繁殖台高出水面 20～30 厘米。在 4～5 月份,水蛭繁殖季节,为了防止露出的繁殖台干燥和板结,要经常在其台上喷水,保持土壤潮湿,为水蛭的交尾、产卵创造良好的条件。

(2)**调整水草的水面布局**　水草在水面的数量要求占总水面的 1/3,过多就要适当疏减。尤其是繁殖迅速的水葫芦,更应注意。捞水草时,要仔细检查水草根部,避免带出水蛭。如浮水性水草较少,要及时补充。

(3)**调节水温**　水蛭繁殖期水温最好控制在 25℃左右。水温超过 30℃时,应采取遮阳降温措施。同时,采用定期冲注新水或更换部分池水的方法把水温控制在 30℃以内。冬春水温低于 15℃时,应采用塑料薄膜覆盖保温。

(4)**科学投喂**　水蛭在繁殖期能量消耗大,投喂的饵料要新鲜、精良、充足。应以投喂水蚯蚓、螺类等活体饵料为主。

(5)**加强巡池**　巡池是不可缺少的管理工作,主要是巡查养殖池四周的一切,发现问题及时解决。特别是水蛭的产卵场所,如检查土壤是否达到要求、泥土是否松软;防逃设施如有损坏要及时补好,以防逃蛭而造成不必要的损失。

（6）**注意防病**　首先,要定期进行消毒,常用消毒药为漂白粉,每7~10天消毒1次,用量为每立方米水体1~2克。其次,发现有病蛭应立即捞出隔离治疗,防止疾病蔓延和传播。

（7）**越冬**　当气温降到10℃以下时,要做好蛭种的越冬管理工作。

（8）**做好记录**　将繁殖期间的温度、湿度、投料、水质、繁殖数量等情况,做详细的记录。

77. 蛭种死亡的原因有哪些?

（1）**养殖环境条件差**　有的养殖户忽视养殖池塘环境建设,养殖配套设施没有完全跟上或配套不完全;有的养殖户所使用的水源水质差,不达标;也有的所用的水草不洁,甚至带有极毒的农药,不良的环境条件降低了蛭种对疾病的抵抗能力,同时给病原体的传播创造了有利条件。对策:引种前应做好各项准备工作,条件具备后再引蛭种;蛭种引入后按要求合理放养;引种前养殖户要学习掌握有关养殖水蛭方面的知识。

（2）**蛭种可能携带病原体**　个别养殖户引进的蛭种带有病原体。对策:运回的蛭种不管带不带菌,一定要药浴消毒,然后将蛭种投放隔离池中暂养,待确认无恙后,再放入养殖池或其他水蛭池中混养。

（3）**越冬期间死亡**　越冬期间水蛭能量消耗太大,体质差,对疾病的免疫力下降,对外界环境变化易产生应激反应,代谢遭受破坏,而引起死亡。对策:在水蛭越冬前要让水蛭吃饱、吃好,蓄积能量,提高抗冻和抗病能力,从而提高水蛭的越冬成活率。

(4)应激综合征引起水蛭死亡　引起水蛭应激综合征的因素很多:如环境、自然、人为、生理因素等,有时多个因素综合叠加在一起,发病更重。严重时可导致水蛭严重充血、败血而死;轻微时也能引起其他细菌性并发症。对策:发现水蛭病情严重并无法控制其的,继续饲养已无意义,应处理掉,否则极易引发急性感染的扩散,导致水蛭大批死亡。

78. 水蛭一年四季如何管理?

(1)春季管理　进入春季,气温回升到10℃左右,水蛭陆续出土,但是一旦水温回降,就会使一些体弱的水蛭染病而死。为了确保水蛭过春,应采取如下措施。

①继续保温　初春气候变化反复,昼夜温差大。因此水蛭越冬池不能过早拆除保温设施。

②适时喂食　晚春时,气温回升,水温持续升高,水蛭活动能力增强,开始投饵,每隔10天左右喂1次,但投饵量要少,否则水蛭会出现消化不良。螺蛳、田螺等可直接投在水蛭的活动区,让水蛭自行采食。

③控制合适水位　在水蛭繁殖期对水位的控制要严格,如果在繁殖期水漫过繁殖台达7天左右,则水蛭卵会因缺氧而死亡。

(2)夏秋管理　炎夏水温高,池水浅,阳光充足,就会使水蛭不适,食量减少,生长缓慢,最终水蛭会停食、不安、浮游在水面、头部上仰、身体颤动而死。为了确保水蛭过夏,应采取如下措施。

①防暑　有条件的可采用遮阳网遮阳;也可在池边种瓜类、扁豆等攀藤植物,池上搭架,以遮阳降温;在水面移植部分水葫芦、水浮萍等遮挡水生植物;在早晨或傍晚陆续注入新水,可有效防暑。

②防洪　夏季降雨多,要重视防洪,养殖基地周围的水沟必须提前疏通,溢水口全部打开;同时,将出水处的防逃网仔细检查一遍,以防水蛭顺水逃跑。

③防逃　夏季天气变化突然,尤其在雷雨、暴雨前后,天气闷热,水蛭不安,极易出现逃逸。因此,必须排查隐患,严防水蛭逃跑。

④秋季特殊管理　秋季气温递减,当下降到 18~24℃时,可用塑料薄膜覆盖保温,此时水蛭十分活跃,投饵量要加大,为水蛭冬眠积蓄能量,同时使水蛭增重。气温在 13~18℃时,逐渐减少投饵量。秋季是水蛭收获的最佳季节,要适时采收。

(3) 冬季管理　入秋后,气温下降至 10℃ 以下,水蛭开始停食,在冬季来临前,必须做好水蛭安全越冬工作。

79. 宽体金线蛭等四种水蛭在饲养管理上有哪些不同?

本题主要介绍宽体金线蛭、尖细金线蛭、日本医蛭、菲牛蛭在养殖管理上的不同点。

(1) 宽体金线蛭

①饲料　通常吸食小动物的体液为生,也摄食浮游

生物、软体动物和泥面腐殖质等。4月中旬到5月下旬，可以泼洒猪、牛、羊等畜禽血液。投喂量要根据水蛭存池量而定，掌握少量多次的原则。5月下旬，投喂活淡水软体动物，如活蛳螺、福寿螺、河蚬、蚯蚓等。投喂量要控制，不宜过多，尤其要注意河蚌投喂量要多于血液投喂量，欠缺部分可以用人工饲料补充。

②水质　要求肥、活、清，含氧量充足，如水质恶化，要及时更换，采取一头进新水，另一头排出旧水。水瘦时可将少量经发酵的畜禽粪便撒入池底，以改善水质和保持池底底泥松软。宽体金线蛭耐药性差，因此要远离农药、化肥，防止生活污水和有机废水的排入或渗入。

③越冬　宽体金线蛭挖掘能力比较弱，所挖掘的洞穴较浅，遇到寒冬时易冻死。因此，做好越冬工作尤为重要。可采取适当提高水位、在池边潮湿土壤处覆盖草苫或秸秆等保温措施。

（2）尖细金线蛭　管理工作与宽体金线蛭基本相似，所不同的是每隔1~2个月加喂1次不加盐的畜禽新鲜血液或血块，每次喂后要及时清理剩余的血块，然后换水。

（3）日本医蛭

①饵料　以脊椎动物的新鲜血液或血块为主，蛙类、螺类、蚯蚓等动物为辅。一般每隔5~7天投喂1次血液或血块。饵料呈倾斜状，即一半浸水里，另一半露出水面。每次血块被医蛭取食后，剩余的血块要及时清理，防止污染水体。

②水质　池水一般每7~10天更换1次，每次最多换

1/2 池水,防止温差变化过大而引发疾病。换水也可根据具体情况而定,如每次喂完鲜血后应更换池水。

（4）菲牛蛭

①水质　自然界中菲牛蛭对环境和水质要求不高,在污水中也能生长,但在高密度养殖情况下要求水质清洁,且要求一定的溶解氧。小容器养菲牛蛭水质易变,要每周换水 1 次,换水量为 1/3,先将池底部的脏物及脏水抽掉,然后加入等量的新水。大池养蛭,水色以黄褐色、淡绿色为好,如平时能保持微流水,可隔月补充 1 次新水,使池水透明度保持在 30~50 厘米。

②防逃防病　要设置牢固的防逃设施。高温季节菲牛蛭极易患细菌性传染病,可定期用二氧化氯全池泼洒消毒,每立方米水体 1 克,并保持 10 天内不换水。

③越冬　入冬后,水蛭会随着水温的降低而钻入泥中冬眠。在水温 10℃ 以下开始停食,5℃ 以下进入冬眠状态。由于冬眠时水蛭摄食停止,单靠身体里积累的营养维持生命。所以在秋天尤其在水蛭入冬前几周,要多喂些营养丰富的饵料,如新鲜猪血、蚯蚓、肝脏等。为了使水蛭在冬季还能继续生长,缩短养殖周期,可在池塘四周挖一些深 1 米的小洞,或搭建塑料大棚保温。早春放养的水蛭一般大多数已长大,从中可以选择个体大、生长健壮的留种（每 667 米^2 留 15 千克）,将其集中投放育种池里越冬。

········· **第七章** ·········

水蛭病害与敌害防治

80. 水蛭发病的主要原因是什么?

水蛭的生存及抗病能力较强,即使在人工养殖条件下也极少发生病害,但如果养殖管理不当,也会使水蛭发生疾病。水蛭发病的原因归根结底为以下四点。

(1)自然条件

①水质的变化 水源条件差,水质不符合要求。池水严重腐败,有害菌大量繁殖,引起各种疾病;有的在换水时,注入被污染的水,引起中毒、死亡;水泥池建成后没有及时脱碱,造成碱性过大,使水蛭中毒或致病。因此,水的质量对养好水蛭至关重要。

②水温的变化 水温的突变会使水蛭不能适应而发生病理性变化。水蛭在不同的发育阶段,对水温也有一定的要求。水蛭投放和蛭种消毒时要求池水温度相差不超过3~4℃,温差过大,就会引起蛭种大量死亡。水蛭遇寒冷或炎热时,如不采取措施就会发病死亡。

③水位的变动　水位变动过大,会引起水蛭不适而发病。因此,换水时水位波动不宜太大。

④溶解氧的变化　水中溶解氧含量的高低对水蛭的生长和生存有直接的影响,溶解氧低到接近每升含 1 毫克氧时,水蛭就会离开水爬到池壁上,长时间就会干死。

⑤底质　淤泥过多,清池消毒不彻底,滋生大量细菌、病毒、寄生虫,导致水蛭发病。底质中有机质过多,会吸收水中大量氧气,同时还会放出硫化氢、沼气等有害气体,不利于水蛭的生长。

(2) 人为因素

①投放蛭种密度过大　不考虑自身的养殖条件,高密度投放蛭种。因此,超过了水体的承受力,不但达不到高产、高效益,反而增加了发病的机会,造成养殖失败。

②投饵不当　饵料不符合要求,腐败变质,营养不全面。投喂过量,不但浪费饵料,而且污染水质,尤其是在高温季节,残饵过多会诱发水蛭肠炎病。投饵不足,使水蛭处于饥饿状态,虽然水蛭极能耐饥饿,几乎不会因饥饿而死,但是饵料不足容易导致互相残食,引起外伤,从而降低抗病能力。

③养殖方法失误　水蛭质量把关不严,运输方法欠妥,投放后死亡严重,成活率低。养殖过程中各环节没有很好把关,如池水过深、大小混养、没有及时分池等。网箱放水蛭种时,水质太瘦,事先没有重视施肥培育绿色水体。因为绿色水体可以抑制致病生物,减少病害的发生,既有利于水蛭迅速适应环境恢复体质,又利于为网箱内

的水生植物的生长营造一个良好的生长环境。忽视培植水草,水蛭养殖很难获得成功。

④防病措施不到位　池塘、水泥池以及网箱等消毒不严。蛭种没有按照要求消毒。药物预防不及时,或浓度没有达到要求等。全池泼洒药物和拌饵内服是水蛭病预防的一项重要工作,对于防止肠炎病的发生、防止肠道寄生虫病发生有显著成效。

⑤机械损伤　养殖操作中过分粗暴,致使水蛭受伤。

(3)**生物因素**　主要是敌害生物的伤害,一些鱼类及水鼠、水鸟、水蛇等直接吞食或间接危害水蛭。

(4)**内在因素**　是指水蛭身体的强弱和品种的抗病力。在一定的环境条件下,只有外界因素的作用,或仅有病原体存在,并不能使水蛭发病,还要看水蛭机体本身对疾病的抵抗力如何。

81. 怎样诊断水蛭疾病?

水蛭发病以后,直接影响生长速度和成活率。因此,要及时诊治。只有先确定水蛭患的是何种病,再对症下药,才能取得效果。水蛭疾病的诊断可从以下两方面进行。

(1)**现场调查**　可为全面查明发病原因,及时发现和正确诊断水蛭病提供依据。诊断时应仔细观察,先仔细观察群体症状,再观察个体症状。

①观察病蛭的表现　水蛭一旦患病,会表现出病状,如身体消瘦、柔弱,体色发黑,体表黏液脱落、无光滑感,食欲减退,行动迟缓,离群独居,不安,这些症状初步可确

定水蛭患病。

②了解水质变化　调查有无污水或有毒水流入水蛭池,是否由于投饵、施肥不当而引起水质恶化。对水温、水质、pH 值、溶解氧等逐一分析是否符合要求。查一下发病和用药等记录。

③了解饲养管理情况　水蛭发病常与饲养管理不当有关。如施肥量过大,饲料质量差,投喂过量或不足,前者容易引起水质恶化,影响水蛭健康。后者投饵不足,水质较瘦,会引起水蛭对恶劣环境及疾病抵抗力差。

此外,对气候变化,敌害如水兽、水鸟、水生昆虫等的发生情况也要同时了解。总之,调查工作越仔细越好。

(2)水蛭体检　做体检的水蛭一般采用刚死亡还没有腐烂变质或是濒死的,或是症状明显的。检查顺序是先体表后体内,先目检后镜检。

①体表检查　将患病的水蛭放在白搪瓷盘中,自体前端至后端检查,体表、肛门、尾部等处逐一细致观察。大型的病原体如水霉、车轮虫、小瓜虫等在这些部位很容易见到。小型的病原体肉眼无法观察到,可根据症状加以判断。如体表、背部两侧发炎充血,呈圆形、椭圆形,有的有黄豆或蚕豆大小;严重时,患处溃烂,形成不规则的小孔。

②体内检查　观察是否有寄生虫,然后根据观察到的虫体及数量,确定可能为何种寄生虫病。解剖蛭体,取出肠道,从前肠剪至后肠,观察粪便中是否有寄生虫。用水将肠内食物和粪便冲洗干净,仔细观察肠道,如发现肠

道全部或部分充血,呈紫红色,初步确定可能为肠炎病。肉眼检查有困难,用显微镜或解剖镜对病蛭做更进一步的检查。在肉眼可见的病变部位作进一步的检查。小水蛭可直接用显微镜检查。成年水蛭可从病变部位取少量组织或黏液,加少量的普通水或市售的纯净水更佳,如检查内脏组织需用0.85%生理盐水,再盖上盖玻片,并稍加压平,在显微镜下进行观察。养殖户自己镜检有困难,可将刚死的病水蛭全部用湿布包好,迅速找附近有关水产部门诊断。

在整个诊断过程中,要把调查到的材料,结合各种蛭病流行季节、各阶段的发病规律,进行综合分析比较,找出病因,最后作出论断,然后对症下药。

82. 如何预防水蛭疾病?

(1)科学管理

①选址与设施符合防疫要求　水蛭养殖场选址、建场(池)应充分考虑水源、水质能满足生产上的需要,能建立独立的进排水系统,做到进水方便、换水彻底。养殖区域的年度水量、水位、流量的变化不宜过大,常年流速以微流最佳。池塘套养水蛭,池深以40~50厘米为宜,过深或过浅都不利于水蛭的栖息、生长。

②严格检疫　严把菌种质量关,新引进的蛭种应隔离饲养一段时间,确认无疫病时再与原有水蛭混养。

③放养密度合理　根据养殖模式确定适宜的放养密度,微流水养殖或饲养条件好的养殖模式可增加放养量。除要注意放养密度要合理外,还应注意放养规格要一致,

不同规格的水蛭不要混养,要及时分池饲养。

④科学投喂　做到"四定",即定位、定质、定量、定时投喂饲料。保证饲料鲜度,避免投喂腐烂变质的食物。

⑤巧施肥　施肥的目的主要是增加池水中的营养物质,使浮游生物迅速繁殖生长,给水蛭提供足够的天然饵料。施肥不当,会恶化水质,使水蛭患病。因此,在施足基肥的基础上,追肥应掌握"及时、少施、勤施"的原则,以发酵过的粪水或混合堆肥为佳,或追施化学肥料。

⑥加强日常管理　适时调节水质,以保持水质清新。定期消毒,每隔15天左右全池遍撒生石灰1次,每平方米1~5克。要注意操作,防止蛭体受伤。坚持每天巡养成塘,观察水蛭动态、池水变化和其他情况,发现问题及时解决。注意水蛭池塘环境卫生,勤除池边杂草、敌害,及时捞出残饵和死蛭。要定期清理饵料台与消毒饵料台。池中水草保持合理密度,不能过盛,也不能过少,过盛要及时散割,过少要补栽。

⑦严格控制有害物质进入养殖池　随着工农业生产的发展,如果不注意环境保护,工厂中有毒废水、农田中的农药、生活污水大量流入养殖水体及自身防治蛭病过量的用药等,均会引起水蛭中毒、畸形,甚至大批死亡。

(2) 药物预防

①蛭种消毒　消毒是提高蛭种、蛭苗成活率的有效措施。所以,蛭种、青年蛭、蛭苗在分池、转池以及放养前,都应进行消毒。

②药物清塘消毒　新老养蛭池、稻田、池塘、网箱设

置区等养殖水体每年至少应进行 1 次彻底消毒。

③食场定期消毒　饵料台内常有残余饵料,为病原体的繁殖生长提供了有利条件。这在高温季节,食场往往成为传播鱼病的媒介。因此,除了经常注意投饵量和每天清洗食台外,还应在蛭病流行季节,即每年 5~9 月,进行饵料台消毒。常用的消毒方法有 2 种:①硫酸铜和硫酸亚铁合剂挂袋法。发病季节每 7~10 天 1 次,在饵料台周围悬挂硫酸铜和硫酸亚铁合剂(5:2)的布袋。挂袋的只数和每袋装药的分量视水蛭池大小而定,一般挂 2~3 个,每袋装硫酸铜 100 克和硫酸亚铁 20 克。第一次挂袋后,应在池边静观 1 小时,观察水蛭是否采食,如不食,说明药量太大,则需减少药量。②洒药法。一般每 667 米² 用硫酸铜 250 克,加水溶化后泼洒在塘边和饵料台周围水面,每 10~15 天 1 次。泼洒之前,最好在塘边和饵料台周围投放水蛭爱吃的螺蛳饲料,诱蛭前来采食,效果更好。

④调节水质　定期用生石灰、生物制剂调节水质。

83. 怎样防治水蛭干枯病?

【病　因】　由于池塘四周岸边环境湿度过低、温度过高而引起。

【症　状】　患病水蛭食欲不振,少活动或不活动,消瘦无力,身体干瘪、失水萎缩,全身发黑。

【防治方法】

①将患病水蛭放入 1% 食盐水中浸洗 5~10 分钟,每日 1~2 次。

②用酵母片或土霉素拌在粉碎的螺蛳中进行投喂,同时增加含钙物质,提高抗病能力。

③加大流水流量,促使水温降低。

④在池周搭遮阳网或遮阳棚,池内多摆放些竹片、水泥板,下面留有空隙,经常洒水,以达到降温增湿的效果。

⑤将患病水蛭放入 1% 食盐水中浸洗 5~10 分钟,每日 1~2 次。

84. 怎样防治水蛭白点病?

白点病也叫溃疡病、霉病。

【病　因】　由原生动物多子小瓜虫引起。大多是受捕食性水生昆虫或其他天敌咬伤后感染细菌所致。

【症　状】　患病水蛭体表有白点泡状物和小白斑块,运动不灵活,游动时身体不平衡,厌食等。

【防治方法】

①提高水温至 28℃ 以上,食盐用水稀释后,按每立方米池水 2 克全池泼洒。

②用 600 毫克/升聚维酮碘溶液浸洗患病水蛭,每次 30 分钟,浸洗后应立即用清水洗净,每日 1~2 次。

③定期用漂白粉消毒池水,一般每月 1~2 次。

85. 怎样防治水蛭肠胃炎病?

【病　因】　水蛭由于采食了腐败变质的螺蛳或难以消化食物而引起。

【症　状】　患病水蛭食欲不振,懒于活动,肛门红肿。

【防治方法】

①多喂新鲜饵料,严禁投喂变质饵料,投饵遵循"四定"的原则。

②用0.4%抗生素(如青霉素、链霉素等)拌入到饲料中混匀投喂,可收到较好的效果。

③用0.4%磺胺咪唑与饵料混匀后投喂。

86. 怎样防治水蛭吸盘出血?

【病　因】　捕捞时人为拉伤;养殖池内没有适合的隐蔽或固定场所,长时间吸附在池壁上而造成慢性拉伤所致。

【症　状】　患病水蛭前后吸盘或单个吸盘出血形成红肿;口腔发炎,吸食困难,导致饥饿,体质减弱,运动困难,有时甚至会窒息死亡。

【防治方法】

①捕捉时,不能生拉硬拽,动作要轻缓。

②投放蛭种前用0.1%高锰酸钾溶液浸泡10~15分钟,然后再投放池中。

③在水蛭池里种植水生植物或设置隐蔽固定物,供水蛭栖息。此病极少能治愈和自行康复,必须以防为主。

87. 怎样防治水蛭腹部出血?

【病　因】　可能是因感染病原菌所致。

【症　状】　病蛭身体腹面出现红色出血斑点,运动缓慢,不久死亡。

【防治方法】

①用食盐水(每立方米 2 克)全池泼洒。

②定期用漂白粉(每立方米 1~2 克)消毒池水,一般每月消毒 1~2 次。

88. 怎样防治水蛭虚脱症?

【病　因】　水中长时间缺氧,食物长时间供应不足,高密度饲养,水质调节缺失。

【症　状】　水蛭外观没有任何病状,但在水中运动不正常,常潜在水底,发病时会出现大批死亡。

【防治方法】

①水质要保持良好,经常要调节。

②饲料要保证充足。

③经常测量池水 pH 值,保持池水弱酸性,碱性水质池极易发生此病。

89. 怎样防治水蛭腹部结块?

【病　因】　运输过程中受挤压,食入不易消化的杂物,吸食螺蛳腔液时将寄生虫也一并吸入体内所致。

【症　状】　多发生在生殖孔处或排泄孔处,以生殖孔处红肿淤血的较多。病蛭进食困难,肿块出现后身体运动失调,水中运动显得十分困难,以后慢慢死亡。

【防治方法】　本病没有较好的治疗方法,发现病蛭尽快加工为上策。

90. 怎样防治水蛭变形杆菌感染?

【病　因】　当水质恶化、蓄养不当时,由变形杆菌感染引起,在夏天流行。

【症　状】　水蛭体表表皮剥落呈灰白色,先肛门发红,接着在腹部和体侧也出现红斑,并逐渐变成深红色,肠管糜烂。病蛭在水池进水口或近池边水面悬垂,不摄食。

【防治方法】　每立方水体用1克漂白粉溶液全池泼洒消毒。

91. 怎样防治水蛭寄生虫病?

【病　因】　由一种原生动物单房簇虫(Monocystis)的寄生而引起。据分析,水蛭的雄性生殖腺内常有大量的单房簇虫寄生。

【症　状】　患病水蛭腹部出现硬性肿块,肿块有时呈对称性排列。解剖可见贮精囊或精巢肿大。

【防治方法】　预防此病可每隔10天将敌百虫稀释后,以每立方米池水0.2~0.5克终浓度全池泼洒。发现少量水蛭感染此病时,应及时捞出移至大塑料桶里隔离饲养,病情严重而无法恢复健康的,应立刻加工处理。

92. 怎样防治水蛭感冒和冻伤?

【病　因】　由于换水时水温温差超过3~5℃,水温变化快,水蛭突然遭到不能忍受的刺激,引起蛭体生理紊乱致病。在长途运输蛭苗、蛭种消毒、放苗、池塘换水常发生此病。

【症　状】　病蛭食欲减退,生理代谢紊乱,皮肤失去原有光泽,颜色暗淡,体表出现一层灰白色的翳状物,并分泌大量黏液,没有精神,无活动能力,停留水底不动,逐渐瘦弱,直至死亡。

【防治方法】

①防止换水时温差过大,冬季注意温度变化,可有效预防此病。一般新水与老水之间的温差应控制在2℃以内,每次只能换去池水的1/3,换水时宜少量多次逐步加入。

②对需要保种越冬的水蛭,应在冬季到来之前移入温室内或采取加温饲养。

③在室外越冬时要注意保暖,以免冻伤。

④适当提高温度,用碳酸氢钠(小苏打)(每立方米0.75~3克)或1%食盐溶液浸泡病蛭,可以慢慢恢复健康。

93. 怎样治疗水蛭旋转病?

【病　因】　尚不明,有待进一步研究。

【症　状】　体水肿,显肥胖,常在水面旋转,不能下沉和正常游动。

【防治方法】　将病蛭捞上后移至矿泉水瓶里,瓶中盛少量水,暂养几天后,恢复正常再放回原池。如病蛭较多,采用大容器暂养。

94. 水蛭的天敌有哪些? 如何防除?

水蛭视觉不发达,且常在水中和岸边活动,遭遇敌害机会多,尤其是刚出生的幼蛭全身透明、鲜嫩,几乎没有御敌能力,更易受伤害。各种鱼类幼苗、蝌蚪、水鸟、鸭

子、蛇类等均喜食幼蛭。此外,蜻蜓的幼虫、蚂蚁、水蜈蚣、老鼠等也会伤害它。

(1)设置防护网　在养殖池四周设置防护网,阻止水蛭的敌害动物,如鸭子、蛇、老鼠等入侵。

(2)彻底清池　养蛭的池塘要彻底清池,杀灭野杂鱼,严禁放养肉食性鱼类。

(3)杀灭敌害　蜻蜓幼虫、蛙类是水蛭的主要敌害,它们对刚孵化的幼蛭威胁较大。因此,在幼蛭大量孵化季节,若发现以上敌害,要立即捕杀。方法是在夜间用灯光诱捕,如果水生昆虫密度较高,可用密网捕捞。

(4)进水过滤　进入养殖池的水一定要用60目滤网过滤后入池,防止鱼类、水生昆虫等的入侵。

(5)池上空布网　池上空盖大眼塑料网片,禁止水鸟等侵入。

(6)药物毒杀　蚂蚁主要危害正在产卵的水蛭和卵茧。相对于其他敌害蚂蚁防除相当重要。防除方法:①土壤消毒,可用高温或太阳暴晒,或用百毒杀消灭蚂蚁虫卵;②在防逃网外周围撒上灭蚁药,如三氯杀虫酯等。③用氯丹粉与防逃网外的黏土混合均匀,防止蚂蚁进入。

第八章

水蛭的收获与加工

95. 水蛭一般什么时间可收获? 常用收获方法有哪些?

(1) 收获时间 水蛭收获应从提高养殖效益出发,根据其生长速度和生活习性而定,做到适时捕捞。水蛭一般一年可采收 2 次:第一次,在 6 月中、下旬,将已繁殖两季的种蛭捕捞;第二次,在 9 月底或 10 月初至越冬前,将 6 中旬后放养的幼蛭,在饲料充足的情况下,可适时捕捞。个别养殖区实施的捕捞原则是捕大留小,未长大的水蛭养至翌年捕捞。

(2) 捕捞方法 水蛭捕捞有多种方法,以下推荐若干种简便易行的方法。

①灯光诱捕 晚上用灯光照射水面,水蛭有趋光性,都会集中在灯下,然后用三角抄网或手抄网捞取。

②拉网捕捞 拉网网片由尼龙线编织成的,网眼为 60 目。拉网时先排掉养殖池部分水,然后 2~4 人分别在池塘两岸拉网,拉网时网下纲要紧擦池底。拉网捕捞的

一次捕净率不是很高,需多次重复操作,才能基本捕净。此法适用于养殖面积较大的池塘。

③竹筛收集法 用竹筛裹着纱布、塑料网袋,中间放动物血或动物内脏,然后用竹竿捆扎好后放入池塘、湖泊、水库、稻田中,第二天收起竹筛,可捕到水蛭。

④竹筒收集法 将竹筒劈开两半,中间涂上动物血,再将竹筒复原捆好,放入水田、池塘、湖泊等处,第二天就可收集到水蛭。

⑤丝瓜络捕捉法 将干丝瓜络浸入动物血中吸透,然后晒(烘)干,用竹竿扎牢放入水田、池塘、湖泊中,次日收起,就可抖出许多水蛭。

⑥草把捕捉法 先将干稻草扎成两头紧、中间松的草把,将动物血注入草把内,横放在水塘进水口处,让水慢慢流入水塘,4~5小时后即可取出草把,收取水蛭。

⑦搅水法诱捕 此法是运用水蛭对水的波动十分敏感的特性。在水稻田、池塘、水渠等水域都可采用。先用网兜在水中搅动几下,水蛭就会从泥土中或水草间游出来,此时乘机用网兜捞取。此法简便、实用。

⑧干池捕捞 先排放一部分池水,接着用网兜捞取一部分水蛭,最后将池水全部排干,人下池把水蛭捕捉干净。此法很适用于水泥池养殖水蛭。

(3)挑选 捕上的水蛭要根据个体大小分别处理,将健壮体大、个体重20克以上的留种,集中投放到越冬池中养殖。8克以下的水蛭进入越冬管理,供翌年继续养殖。其余的水蛭清洗干净,待加工。

96. 怎样加工水蛭干品?

加工水蛭时最好选择晴天,因为阴天无法晾晒,容易腐烂变质。加工过的水蛭一般要暴晒4~7天才能晒干。在此期间如突遇阴雨天无法晾晒,则应在室内加温烘干。晾晒时最好放在纱网上悬空晾晒。

(1)**生晒法** 将水蛭用线绳或铁丝穿起,悬挂在阳光下暴晒,晒干即可。

(2)**水烫法** 将水蛭洗净放入盆内,倒入开水,热水浸没水蛭3厘米为宜,20分钟后将烫死的水蛭捞出晒干。如果第一次没烫死,可再烫1次。

(3)**碱烧法** 将水蛭与食用碱的粉末同时放入器皿内,用套上胶皮手套的双手上下、左右翻动水蛭,边翻边揉搓,让碱粉成分能均匀渗入水蛭,从而使水蛭失水而慢慢收缩、死亡,最后将其捞出洗净、晒干。

(4)**灰埋法**

①石灰粉埋法 将水蛭埋入石灰粉中20分钟,待水蛭死后筛去石灰,用水冲洗,晒干或烘干。

②草木灰法 用稻草烧成灰,将水蛭埋入草木灰中,约30分钟后水蛭死亡,再筛去草木灰,最后用清水洗净水蛭晾干即可。

(5)**烟埋法** 50千克水蛭用0.5千克烟丝,将水蛭埋入烟丝中约30分钟,待其死后再洗净晒干。

(6)**酒闷法** 将高度白酒倒入盛有水蛭的器皿内,将其淹没,加盖封30分钟,待水蛭醉死后捞出,再用清水洗净、晒干。

（7）**盐制法** 将水蛭放入器皿内,放一层盐放一层水蛭,直到器皿装满为止。盐渍死的水蛭晒干即可。

（8）**摊晾法** 在阴凉通风处,将处死的水蛭平摊在清洁的竹竿、草帘、水泥板、木板等处,晾干即可。

（9）**烘干法** 有条件者可将处死的水蛭洗净后低温（70℃）烘干。

加工质量的好坏决定水蛭售价的高低。加工后的商品水蛭应是扁平的纺锤形,背部稍隆起,腹面平坦,质脆易断,断面有胶质似的光泽、黑褐色。

97. 如何贮藏水蛭干品?

水蛭干品易吸湿、受潮和虫蛀,应装入布袋,外用塑料袋套住密封,挂在干燥通风处保存。无论采用何种贮藏方法,只要能防止水蛭腐败变质及虫蛀,都可使用。以下介绍3种方法。

（1）**挂袋法** 将晒干的水蛭装入清洁的布袋,再外套塑料袋密封,悬挂在干燥、通风处保存待出售。

（2）**缸瓮贮藏法** 采用缸、瓮等作贮藏工具,先在缸、瓮底部放入生石灰块,在其上面置一层透气良好的隔板或铺两层粗草纸,将水蛭干品经简单包装后放入,盖上盖子,再盖一张比缸盖大的厚塑料薄膜,最后用胶带密封缸、瓮口,防止蛀虫进入啃食水蛭。

（3）**塑料密实袋贮藏法** 这是近几年采用的较现代化的贮藏法,多用塑料密实袋,每袋装1千克、2千克、5千克等,把几袋放进更大的袋中,用真空防潮包装。既防水蛭腐败变质,又可防止虫蛀。

98. 什么样的水蛭干品为优质品?

作为商品都是以质论价,加工质量的好坏决定着售价的高低。加工后的商品水蛭必须无杂质和泥土,手摸肉质有弹性,形状完整、自然扁平、长条形,环节明显,背部稍隆起,腹部平坦,两头小,中间大,外表体色为褐色或灰褐色,质脆易折断,断面呈胶质状且有光泽。

99. 怎样加工水蛭药用品?

水蛭是一味常用中药材,经过药用加工即可服用,药用加工也叫做炮制。根据不同的药用价值,炮制的方法也不同,一般有以下几种方法。

(1)**炒水蛭** 先将滑石粉放在铁锅里炒热,然后加入水蛭段,用文火炒到水蛭段稍鼓起时取出,放到筛盘内筛出滑石粉,待凉即可。

(2)**油水蛭** 先将猪油放入铁锅中,用文火烧热猪油,然后放进水蛭段,炸成焦黄色时取出,冷却后研成粉末即可。

(3)**焙水蛭** 将水蛭放到烧红的瓦片上,烤焙至淡黄色时取出,冷却后研成粉末即可。

参考文献

[1]刘德建,等.池塘水蛭养殖技术研究[J].北京水产,2006,(6):25-26.

[2]朱珠.水蛭养殖技术要点[J].科学养鱼,2012,(9):40.

[3]王安纲,等.宽体金线蛭的调查及生物学特性的观察[J].水利渔业,2005,25(5):40-41.

[4]王安纲.宽体金线蛭的实用养殖技术[J].北京水产,2004,(3):26-27.

[5]贺新华.水蛭的养殖技术[J].特种养殖,2010:38-39.

[6]高山.水蛭的生态养殖与加工[J].水产养殖,2011,(11):45-46.

[7]赖春涛,等.水蛭实用养殖技术[J].水产科技,2006,(1):24-27.

[8]王树林.水蛭养殖越冬五法[J].科学养鱼,2000,(12):38.

[9]王冲,刘刚.水蛭养殖与加工技术[M].武汉:湖北科技出版社,2006.

[10]马建创.水蛭的人工饲养[M].北京:中国农业出版社,2002.

[11]山东海洋学院.无脊椎动物学[M].北京:中国农业出版社,1961.

三农编辑部新书推荐

书　名	定　价
西葫芦实用栽培技术	16.00
萝卜实用栽培技术	16.00
杏实用栽培技术	15.00
葡萄实用栽培技术	19.00
梨实用栽培技术	21.00
特种昆虫养殖实用技术	29.00
水蛭养殖实用技术	15.00
特禽养殖实用技术	36.00
牛蛙养殖实用技术	15.00
泥鳅养殖实用技术	19.00
设施蔬菜高效栽培与安全施肥	32.00
设施果树高效栽培与安全施肥	29.00
特色经济作物栽培与加工	26.00
砂糖橘实用栽培技术	28.00
黄瓜实用栽培技术	15.00
西瓜实用栽培技术	18.00
怎样当好猪场场长	26.00
林下养蜂技术	25.00
獭兔科学养殖技术	22.00
怎样当好猪场饲养员	18.00
毛兔科学养殖技术	24.00
肉兔科学养殖技术	26.00
羔羊育肥技术	16.00

三农编辑部即将出版的新书

序 号	书 名
1	提高肉鸡养殖效益关键技术
2	提高母猪繁殖率实用技术
3	种草养肉牛实用技术问答
4	怎样当好猪场兽医
5	肉羊养殖创业致富指导
6	肉鸽养殖致富指导
7	果园林地生态养鹅关键技术
8	鸡鸭鹅病中西医防治实用技术
9	毛皮动物疾病防治实用技术
10	天麻实用栽培技术
11	甘草实用栽培技术
12	金银花实用栽培技术
13	黄芪实用栽培技术
14	番茄栽培新技术
15	甜瓜栽培新技术
16	魔芋栽培与加工利用
17	香菇优质生产技术
18	茄子栽培新技术
19	蔬菜栽培关键技术与经验
20	李高产栽培技术
21	枸杞优质丰产栽培
22	草菇优质生产技术
23	山楂优质栽培技术
24	板栗高产栽培技术
25	猕猴桃丰产栽培新技术
26	食用菌菌种生产技术